Annalen der Meteorologie
(Neue Folge)

Nr. 21

Die Entwicklung
der meteorologischen Beobachtungen
in Österreich
einschließlich Böhmen und Mähren
bis zum Jahr 1700

von

Fritz Klemm †

(Mit 22 Tabellen und 9 Abbildungen im Text)

Offenbach am Main 1983
Im Selbstverlag des Deutschen Wetterdienstes

ISSN 0072-4122
ISBN 3-88148-208-3

Herausgeber und Verlag:
Deutscher Wetterdienst, Zentralamt, Frankfurter Straße 135, D-6050 Offenbach a. M.

Mit der Annahme des Manuskripts und seiner Veröffentlichung durch den Deutschen Wetterdienst geht das Verlagsrecht für alle Sprachen und Länder einschließlich des Rechtes der photomechanischen Wiedergabe oder einer sonstigen Vervielfältigung an den Deutschen Wetterdienst über; für den Inhalt ist der Verfasser verantwortlich.

Vorwort

Die Darstellung der Entwicklung der meteorologischen Beobachtungen im deutschsprachigen Teil Mitteleuropas bis zum Jahr 1700 findet mit dieser Veröffentlichung ihren Abschluß. Ihr gingen drei Veröffentlichungen über die meteorologischen Beobachtungen in Deutschland (Annalen der Meteorologie, N. F., Nr. 8/1973, Nr. 10/1976 und Nr. 13/1979) und eine Veröffentlichung über die Entwicklung der Beobachtungen in der Schweiz (Vierteljahresschrift der Naturforschenden Gesellschaft in Zürich 119/1974, H.4) voraus.

Das Manuskript wurde vom Autor am 21.6.1982 abgeliefert. Er hat die gedruckte Form seiner Veröffentlichung leider nicht mehr erlebt; er verstarb am 7. Februar 1983 in Frankfurt a.M.

Inhalt

Seite

1	Einleitung			5
2	Meteorologische Beobachtungen in Österreich einschließlich Böhmen und Mähren bis zum Jahre 1700			7
2.1	Witterungsbeobachtungen in Oberösterreich vor 1516			7
2.1.1	Stift Wilhering	1340–1356	MICHAEL RIPPO	7
2.1.2	Stift Wilhering	1473–1511	Unbekannte Kleriker	8
2.1.3	Moosbach	1412–1516	WOLFGANG PERNDORFER	8
2.1.4	Wels	1491–1515	LORENZ MITTENAUER	9
2.1.5	Linz	1492	PAUL RASP	10
2.2	Leitmeritz	1454–1716	Stadtschreiber von Leitmeritz	11
2.3	Wien	1481–1489	JOHANNES TICHTL	13
2.4	Wien, bzw. Nieder- und Oberösterreich	1502–1525	JOHANNES CUSPINIAN	14
2.5	Wien	1508–1531	Unbekannter geistl. Professor	16
2.6	Preßburg	1512–1528	CHRISTOPHORUS HÜFFTENUS	17
2.7	Wien	1515	PETRUS FRYLANDER	18
2.8	Machland	1532–1643	Unbekannte Beobachter	19
2.9	Mähren	1533–1545	F. VON ZERETIN	20
2.10	Wien und Mayrhofen Wien m. U.	1546–1547 1548–1550	JOHANN EMERICH AICHHOLZ	21
2.11	Graz	1552–1555	PETRUS WIDMANN	22
2.12	Steyr	1567–1618	VALENTIN PREUENHUEBER	23
2.13	Linz	1589–1604	WOLFGANG WAGNER	25
2.14	Waidhofen a. d. Ybbs Steyr	1590–1603 1603–1623	WOLFGANG LINDNER	26
2.15	Kitzbühel	1594–1610 1610–1656 1656–1700	AINNZINGER ANDREAS KOIDL Unbekannte Beobachter	29
2.16	Prag Linz m. U.	1604 1617–1626	JOHANNES KEPLER	31
2.17	Steyr	1618–1635	JAKOB ZETL	34
2.18	Innsbruck	1655?	Unbekannte Jesuitenpatres	35
2.19	Stift Zwettl	1666–1671	JOHANN BERNHARD LINCK	36
2.20	Stift Heiligenkreuz	1669–1690	KLEMENS SCHÄFFER UND ALBERICH HÖFFNER	39
2.21	Ursulinenkloster Linz/Urfahr	1679–1699	S. MARIA BERNANDINA (SABINA KÖGLER)	40
2.22	Wien	1696–1697	ALOIS FERDINAND GRAF MARSIGLI	41
3	Danksagung			44
4	Literatur			44
5	Personenregister			46

1 Einleitung

Seit jeher haben Naturkatastrophen aller Art, Hungersnöte und Seuchen in der Geschichte der Menschheit eine dominierende Rolle gespielt und unauslöschliche Eindrücke schon in den ältesten Überlieferungen hinterlassen. Es haben sich aber auch bereits in den frühesten Kulturen berufene Männer bemüht, derartige Katastrophen durch rechtzeitige, auf astrologischen Berechnungen basierende Vorhersagen in ihren Auswirkungen auf die Völker zu mildern und möglichst in erträglichen Grenzen zu halten.

Ausgeführt wurde dieser Warn- und Schutzdienst von einem kleinen Kreis gelehrter Priester, der über die erforderlichen astronomischen und mathematischen Kenntnisse verfügte. Entstanden im Zweistromland und zurückgehend auf religiösen Sternendienst, gestattete die astrologische Wissenschaft aus den Konjunktionen der sieben Planeten, denen damals die Sonne und der Mond zugerechnet wurde, vermeintlich nicht nur das Schicksal der jeweiligen Herrscher und ihrer Völker, sondern darüber hinaus alle irdischen Geschehnisse, also auch das Wetter mit allen Begleiterscheinungen sowie Plagen jeder Art und Erdbeben vorauszuberechnen. Erst später kamen individuelle Horoskope hinzu.

Es ist hinlänglich bekannt, wie sich der trügerische Sternenglaube mitsamt den zugehörigen astronomischen und mathematischen Grundlagen über Griechenland, Rom und Ägypten ausbreitete, den islamischen Kulturkreis erfaßte und im 11. und 12. Jahrhundert von Spanien und Sizilien aus auch in das Abendland vordrang. Hier wurden die faszinierenden astrologischen Lehren natürlich begierig aufgegriffen und praktiziert.

Die Fortschritte der naturwissenschaftlichen Kenntnisse blieben nun keineswegs ein Privileg führender Gelehrter wie ALBERTUS MAGNUS (1195–1280), KONRAD VON MEGENBERG (1309–1374), NIKOLAUS VON KUES (1401–1464) etc. Vielmehr beweisen die in der Stille und Abgeschiedenheit österreichischer und bayerischer Klöster konzipierten Handschriften aus dem 12. bis 15. Jahrhundert, daß auch hier der Wissensstand das Niveau der Länder Westeuropas erreicht hatte.

Die Tatsache, daß in österreichischen Abteien den Fragen und Problemen der Meteorologie über die Aufzeichnung besonderer Witterungsereignisse hinaus schon früh Aufmerksamkeit und Interesse zugewendet wurde, geht beispielsweise aus der in der einschlägigen Literatur bislang unbeachtet gebliebenen Handschrift „Hs 904, 1425: Notae meteorologicae" der Universitäts-Bibliothek Graz hervor, auf die deren Leiter DR. HANS ZOTTER aufmerksam machte. Untersuchungen ergaben, daß das 12 Seiten umfassende Manuskript in lateinischer Sprache aus der Bibliothek des zwischen 1096 und 1105 gegründeten Benediktinerklosters St. Lambrecht/Steiermark nach Graz transferiert worden war.

Da bekanntlich im ausgehenden Mittelalter und der beginnenden Neuzeit eine beachtliche Zahl von Äbten z.T. langjährige Witterungsbeobachtungen ausgeführt haben und meteorologische Studien betrieben, stellte sich die Frage, ob der zu Beginn des 15. Jahrhunderts im Stift St. Lambrecht regierende Abt HEINRICH II. MOYKER als Autor der genannten Handschrift in Betracht gezogen werden kann. Der derzeitige Leiter der dortigen Stiftsbibliothek P. BENEDIKT PLANK, der übrigens an der Anselmiana in Rom eine Bakkalaureatsarbeit über diesen Abt geschrieben hatte, verneinte die Frage mit aller Entschiedenheit, da HEINRICH II. MOYKER keinerlei naturwissenschaftliche, geschweige denn meteorologische Interessen besaß.

Gemäß einer Mitteilung der früheren Leiterin der Handschriften-Abteilung der Universitäts-Bibliothek Graz, Frau DR. MARIA MAIROLD, gehörte die Handschrift „Hs 904, 1425: Notae meteorologicae" einst dem im Jahre 1470 verstorbenen Mönch zu St. Lambrecht P. CLEMENS HEWERRAUS und ging aus dessen Besitz mit mehr als 30 anderen Handschriften über in das Eigentum der Stiftsbibliothek. Die Betonung der typischen Sammlertätigkeit des Benediktiners P. CLEMENS HEWERRAUS wirft nun zusätzlich die Frage nach der Herkunft des Manuskriptes auf. Da fraglos unterstellt werden kann, daß die Handschriften aus den verschiedensten Quellen, insbesondere wohl Benediktinerklöstern, stammten, lassen sich heute weder der Verfasser noch die Herkunft des fraglichen Manuskriptes eruieren.

Bei der Bearbeitung der Handschrift: „Hs 904, 1425: Notae meteorologicae" traten erhebliche Schwierigkeiten auf. Sie lagen nicht nur in dem mit Sigeln und Abbreviaturen durchsetzten Mönchslatein der Zeit, sondern auch in der Schrift selbst, die, wie der bekannte Experte Prof. Dr. H. MEINERT, Frankfurt am Main, betonte, auch für einen der Paläographie Kundigen nicht einfach zu entziffern war. Eine spezielle Veröffentlichung der Auswertungsergebnisse ist vorgesehen.

An den im Laufe der Zeit errichteten Universitäten – Bologna 1158, Paris 1206, Padua 1221, Oxford 1249 etc. – wurde der Lehrbetrieb von der Scholastik beherrscht, die ihrem Grundcharakter entsprechend alle philosophischen Arbeiten und Dispute mitsamt dem speziellen Teil der „Philosophia Naturalis" auf die Theologie bezog, die sich ihrerseits darauf konzentrierte, die anerkannten Glaubenslehren zu fixieren und in ein festes System einzuordnen. Die weitgehende Heranziehung der Philosophie, Logik und Dialektik des ARISTOTELES (384–322 v.Chr.) bedeutete jedoch keineswegs, daß die nun vertretene Lehre von der Physis, der Lehre von der Natur, etwa identisch war mit dem, was ARISTOTELES ursprünglich darunter verstanden hatte. Da dem antiken Philosophen natürlich die Voraussetzung des christlichen Glaubens fehlte, legte man, wann und wo auch immer auf ihn zurückgegriffen wurde, einen eindeutig christianisierten ARISTOTELES zu Grunde.

Ein neuer Abschnitt in der Evolution der Naturwissenschaften zeichnete sich nördlich der Alpen ab, als Herzog RUDOLF IV. von Österreich (1339–1365) mit der Zustimmung des Papstes URBAN V. (1362–1370) als Gegenpol und Konkurrenz zu der von seinem Schwiegervater, dem Luxemburger Kaiser KARL IV. (1316–1378) im Jahre 1348 nach dem Pariser Vorbild errichteten Universität Prag die Universität Wien gründete. Die 1365 unter dem Rektorat ALBERTs von Sachsen eröffnete neue Wiener Hochschule entwickelte sich aber zunächst so langsam, daß ALBERT ein Jahr später nicht ungern das Bistum Halberstadt übernahm. Erst als Herzog ALBRECHT III. von Österreich (1349–1395) den Magister artium HEINRICH VON LANGENSTEIN nach Wien berief, erfolgte 1385 die Neueröffnung der Universität Wien mit allen vier Fakultäten. Mit JOHANNES VON GMUNDEN (1380–1442) setzte dann die erste große Zeit der Wiener Universität ein, an der insbesondere das Studium der Mathematik und Astronomie gepflegt wurde. JOHANNES VON GMUNDEN, der auch das Amt eines Domherren von St. Stephan bekleidete, stellte aber 1435 seine Vorlesungen an der Universität ein und konzentrierte seine Tätigkeit auf die Berechnung astronomischer Tafelwerke mit Angaben der Planetenbewegungen, Finsternissen und Sternverzeichnissen, wobei er die von König ALFONS X. von Kastilien (1221–1284) initiierten Tafeln und das Oxforter Tafelwerk auf die Koordinaten von Wien umrechnete. Übrigens stiftete der Gelehrte in dem erwähnten Jahr 1435 seine Bibliothek und astronomischen Instrumente der Artistenfakultät der Universität, nicht ohne zugleich präzisierte Bestimmungen hinsichtlich der Benutzung verfügt zu haben.

Fortgesetzt wurden die berühmt gewordenen Wiener Studiengänge durch GEORG PEURBACH (1423–1461) und den jungen JOHANNES MÜLLER aus Königsberg in Franken gen. REGIOMONTAN (1436–1476), der im Jahre 1450 nach Wien kam und von PEURBACH wissenschaftlich gefördert wurde. Beide waren engagierte Anhänger des durch den kaiserlichen Sekretär AENEAS SYLVIUS PICCOLOMINI und späteren Papst PIUS II. (1458–1464) in Wien heimisch gemachten Humanismus, dessen Ziel in der Abkehr von dem erstarrten scholastischen Denken und der Hinwendung zu dem antiken Bildungsideal lag. REGIOMONTAN, der sich neben anderen Studien und Arbeiten u.a. auch der Berechnung von Jahrbüchern und Horoskopen widmete, versuchte dabei die Zusammenhänge zu erforschen, die zwischen dem Lauf der Planeten und irdischen Geschehnissen wie Wetter, den Erträgnissen lebenswichtiger Ernten, Krieg und Seuchen angenommen wurden. Im Gegensatz zu JOHANNES VON GMUNDEN glaubten PEURBACH und REGIOMONTAN, wie früher schon ALBERTUS MAGNUS, an den Wahrheitsgehalt astrologischer Deutungen.

Die Beziehungen, die der 1461 in Wien als päpstlicher Legat weilende Kardinal und Humanist JOHANNES BESSARION (1395-1472), der als einer der ersten Gelehrten die altgriechische Philologie und Philosophie im Abendland verkündete, mit GEORG PEURBACH und REGIOMONTAN aufnahm und pflegte, wurde für diese von schicksalhafter Bedeutung.

Da der Kardinal BESSARION wegen seiner vielfältigen politischen sowie kirchlichen Verpflichtungen eine begonnene Übersetzung des Almagest des letzten großen griechischen Astronomen und Naturwissenschaftlers der Antike KLAUDIOS PTOLEMAIOS (ca. 100-160) nicht vollenden konnte, unterbreitete er GEORG PEURBACH den Vorschlag, mit ihm nach Italien zu gehen, dort diese Arbeit abzuschließen und weitere Projekte in Angriff zu nehmen. PEURBACH akzeptierte das Angebot unter dem Vorbehalt, daß es auf REGIOMONTAN ausgedehnt werden müsse. Der plötzliche Tod des erst 38jährigen GEORG PEURBACH am 8.4.1461 hatte zur Folge, daß nun REGIOMONTAN mit BESSARION nach Italien reiste, sich dort neben der Erfüllung der gestellten Aufgabe an wechselnden Orten intensiv mit mathematischen, astronomischen sowie altgriechischen Sprachstudien befaßte, darüber hinaus aber in Archiven und Bibliotheken auch alte Handschriften aufspürte und bearbeitete. Im Jahre 1467 nahm REGIOMONTAN an der Eröffnung der von dem ungarischen König MATTHIAS I. CORVINUS (1440-1490) gegründeten Universität Preßburg teil, weilte seit 1468 am Hofe zu Buda, den der Monarch zu einem Zentrum der Renaissance und des Humanismus gemacht hatte und ließ sich 1471 in Nürnberg nieder, wo er die Drucklegung eigener wie antiker Schriften betrieb und u.a. mit dem vielseitig interessierten BERNHARD WALTHER astronomische Beobachtungen ausführte. In einem Exemplar der Ephemeriden REGIOMONTANs von 1475-1506 der National-Bibliothek Wien, Signatur Inc. IV, H.7, sind WALTHERs regelmäßige tägliche Witterungsaufzeichnungen vom 3.2.1487-20.3.1487 in deutscher Sprache enthalten. REGIOMONTAN, wegen der dringend notwendig gewordenen Kalenderreform nach Rom gerufen, erlag dort am 6.7.1476 einer Pesterkrankung.

Der Tod GEORG PEURBACHs und der Fortgang REGIOMONTANs aus Wien im Jahre 1461 bewirkte zunächst eine gewisse Stagnation der dortigen naturwissenschaftlichen Forschungen. Aber nach dem Ende der Ungarnbesetzung Wiens von 1485-1490 wurde der Hof des deutschen Königs MAXIMILIAN I. (1459-1519), erwählter römischer Kaiser seit 1508, und die von dem Herrscher geförderte Universität Wien erneut zu einem Zentrum humanistischen Geisteslebens wie der Mathematik und Astronomie.

Diese zweite Blüte der Universität Wien entwickelte sich nicht zuletzt durch enge Beziehungen zu der im Jahre 1472 von Herzog LUDWIG IX., dem Reichen, von Bayern-Landshut (†1479) gegründeten Universität Ingolstadt, an der mit KONRAD CELTIS aus Wipfeld bei Würzburg (1459-1509) als „Lector ordinarius in studio humanitatis" der Humanismus erstmals in Deutschland Fuß faßte. Von hier kamen die Professoren, als MAXIMILIAN die Wiener Universität reformierte indem er mit BERNHARD PERGER einen Kurator und den kaiserlichen Räten KRACHENBERGER und FUCHSMAGEN als Vertretern der Landesregierung zwei Regentes einsetzte. Dieser eindeutige Verstoß gegen die verbrieften Rechte der Universität hatte jedoch nur schwache Proteste zur Folge.

Zunächst wurden aus Ingolstadt der gebürtige Österreicher JOHANN STABIUS (ca. 1450-1522) und der aus Bayern stammende ANTON STIBORIUS (1480-1515) von MAXIMILIAN I. als Professoren der Mathematik und Astronomie an die Universität Wien berufen. Mit diesem „Novum stipendium" erfolgte erstmals die Einrichtung von Fachprofessuren. Kurze Zeit später berief der Fürst auf Vorschlag der beiden o.a. Regentes, der von dem Humanisten JOHANNES CUSPINIAN (1473-1529) nachhaltig unterstützt wurde, mit einem Schreiben vom 7.2.1497 den von Kaiser FRIEDRICH III. (1415-1493) im Jahre 1487 zum ersten deutschen Dichter gekrönten KONRAD CELTIS als Professor der Eloquenz und Dichtkunst aus Heidelberg nach Wien.

Die maßgebliche Mitwirkung JOHANNES CUSPINIANs, der übrigens Witterungsaufzeichnungen aus der Zeit von 1502-1525 hinterlassen hat (siehe 2.4), bei der Berufung des genialen, aber unruhigen und wanderlustigen „Erzhumanisten" KONRAD CELTIS nach Wien verdeutlicht, daß er offenbar Entscheidungen MAXIMILIANS I. zumindest auf dem universitären Sektor zu beeinflussen vermochte. Unterstrichen wird diese Annahme durch die Tatsache, daß der König im Jahre 1502 auf seine Anregungen, die CELTIS lebhaft unterstützte, eine Fakultät der Dichter und Mathematiker, das „Collegium poetarum et mathematicorum" einrichtete, die mit der Artistenfakultät der Universität nur sehr lose Beziehungen unterhielt.

Unabhängig davon gründete CELTIS eine weitere gelehrte Gesellschaft, die „Donaugesellschaft" (Literaria sodalitas Danubiana), eine freie Vereinigung zur Pflege des Humanismus ohne irgendwelche Bindungen an die Universität. Von wenigen Ausnahmen abgesehen waren die Mitglieder keine Professoren.

Von STIBORIUS und CELTIS empfohlen, kam endlich als dritter Ingolstädter Gelehrter GEORG TANNSTETTER gen. „COLLIMITIUS" (ca. 1480-1530) als Professor der Mathematik an die Wiener Universität. Der Doktor der Medizin TANNSTETTER wirkte jedoch seit 1510 als Leibarzt der Kaiser MAXIMILIAN I. und FERDINAND I. (1503-1564), wurde für seine Verdienste geadelt und gab mit seinem Schüler ANDREAS PERLACH jährlich Kalender heraus, in denen astrologische Angaben hinsichtlich ihrer Nutzanwendung auf die Medizin interpretiert wurden. Ungleich bedeutsamer aber waren TANSTETTERs Editionen älterer Schriften wie von PROCLUS, SACROBOSCO, PEURBACH und REGIOMONTAN.

Abgesehen von wenigen Ausnahmen zieht sich der feste Glauben an den bestimmenden Einfluß der Planeten und ihrer jeweiligen Konstellationen auf alle irdischen Geschehnisse und damit auch auf die Gestaltung und den Ablauf des Wetters wie ein roter Faden durch die zeitgenössischen astronomischen Schriften. Ermöglicht wurde die große Zeit der Astrologie, insbesondere der Astrometeorologie und der Astromedizin im 16. Jahrhundert, durch die Erfüllung einer Reihe unerläßlicher Voraussetzungen, zu denen in erster Linie die Erfindung der Buchdruckerkunst durch JOHANN GUTENBERG (1397-1468) und deren schnelle Ausbreitung gehört. Nun erst konnten für astronomische wie astrologische Berechnungen erforderliche Werke, wie die im Jahre 1474 gedruckten „Ephemeriden" REGIOMONTANs, Tafeln der täglichen Planetenstellungen von 1475-1506, ferner der 1499 in Ulm edierte „Almanach nova..." JOHANNES STOEFFLERS (1452-1531) mit den entsprechenden Angaben von 1499-1531 sowie die unter dem Titel „Ephemeriden" publizierte Fortsetzung für die Zeit von 1531-1561, allgemein zugänglich gemacht werden. Als Folge ergoß sich eine Flut von Kalendern über Stadt und Land und wurde wegen der darin enthaltenen, jeweils für ein Jahr astrologisch vorausberechneten Witterungsvorhersagen vom Volk freudig aufgenommen. Die so sehr von dem Wetter abhängige Landwirtschaft war damals wie heute ein bestimmender Faktor des gesamten wirtschaftlichen Lebens.

Um die beträchtliche Zahl von Fehlprognosen der in den Kalendern oder ähnlichen Druckerzeugnissen mitgeteilten Witterungsvorhersagen reduzieren und die Ursachen der Fehler untersuchen zu können, mußte der vorausberechnete mit dem wirklichen Witterungsablauf verglichen werden. Das erforderte erstens eine sorgfältige ständige Beobachtung aller Witterungserscheinungen und zweitens deren Aufzeichnung in der üblichen Kurzform in lateinischer, gelegentlich aber auch in deutscher Sprache. Ein hoher Prozentsatz der erhalten gebliebenen frühen meteorologischen Beobachtungen verdankt seine Existenz unzweifelhaft der Astrologie. Wegen des darin enthaltenen breiten Randes erfolgten die erwähnten Aufzeichnungen der Witterung vorzugsweise in Exemplaren der o.a. astronomischen Tafelwerke.

Die in Chroniken enthaltenen Niederschriften besonderer Witterungsvorkommen, z. B. große Überschwemmungen und Wasserfluten, durch anhaltende Dürrezeiten hervorgerufene Hungersnöte, Stürme und schwere Gewitter mit durch Blitzeinschläge verursachten Bränden nicht selten ganzer Stadtteile, aber auch Seuchen und Epidemien müssen natürlich einer speziellen Kategorie zugeordnet werden, doch steht der eminente Wert gerade dieses Materials für die Witterungsgeschichte, vor allem einzelner Regionen, außer Zweifel.

Im übrigen wird in der vorliegenden Arbeit den Lebensläufen und Lebensumständen der einzelnen frühen österreichischen Witterungsbeobachter, aber auch historischen und kulturgeschichtlichen Aspekten die gebührende Aufmerksamkeit gewidmet. Es wird also abermals der Maxime des Astronomen F. BECKERs gefolgt, der in seiner „Geschichte der Astronomie, 3. Auflage, Mannheim/Zürich 1968" schrieb: „Die Geschichte einer Wissenschaft ist nicht nur die Geschichte ihrer Erkenntnisse, Probleme und Methoden, sondern verbunden damit ein Spiegel menschlicher Bemühungen. So stellt sich die Frage, was für Menschen es waren, die sich die Erforschung, hier des Weltalls, zur Aufgabe gemacht haben."

Die verständlicherweise häufig gestellte, nicht nur historisch interessante Frage, wann die Ära der vorinstrumentellen Witterungsbeobachtungen in Österreich erstmals durch meteorologische Beobachtungen mit Hilfe von Instrumenten unterbrochen wurde, läßt sich nicht definitiv beantworten. Die Möglichkeit, daß sie von Jesuitenpatres im Jahre 1655 in Innsbruck mit den ihnen aus Italien zugestellten meteorologischen Geräten ausgeführt wurden, kann zwar nicht völlig ausgeschlossen werden, erscheint jedoch unwahrscheinlich, da trotz aller Bemühungen keinerlei Beweise erbracht werden können (s. 2.18).

Infolgedessen muß der aus Bologna stammende ALOIS FERDINAND GRAF MARSIGLI als erster Beobachter bezeichnet werden, der seine Wetterbeobachtungen durch instrumentelle Messungen vervollständigte und hierdurch seinen Namen in das Buch der Geschichte der Meteorologie des Landes Österreich eintrug. Im Band 6 seines Prachtwerkes (51) wurden die 1696–1697 angestellten barometrischen und thermometrischen Messungen in einer bemerkenswert modern anmutenden tabellarischen Zusammenstellung veröffentlicht (s. 2.22).

Wie in den anderen mitteleuropäischen Ländern kann somit auch in Österreich das Jahr 1700 als eine Zäsur in der Entwicklung der meteorologischen Beobachtungen bewertet werden. Auf die dann einsetzende Folge instrumenteller Wetterbeobachtungen in Österreich kann, entsprechend der Zielsetzung der vorliegenden Arbeit, hier nicht eingegangen werden.

Literatur: (3), (4), (8), (20), (21), (62), (63), (64), (67), (68), (72).

2 Meteorologische Beobachtungen in Österreich einschließlich Böhmen und Mähren bis zum Jahre 1700

2.1 Witterungsbeobachtungen in Oberösterreich vor 1516

In der Einleitung von (60) hat KONRAD SCHIFFMANN eindeutig resümiert, daß die neben rein historischen Fakten in Kalendern zu liturgischen Büchern, in Urbarien sowie auf Leerblättern von Wiegendrucken erhalten gebliebenen Angaben über Vorgänge in der Natur, d.h. Witterungsaufzeichnungen, eine wichtige, bedauerlicherweise aber viel zu wenig beachtete Quelle nicht nur für die Klimatologie, sondern auch die Wirtschaftsgeschichte der fraglichen Gebiete darstellen. Er hat daher als Konsequenz dieser Erkenntnisse in seinem o.a. Werk vier verschiedene Einzelquellen kompiliert, die, wenn auch mit zeitlichen Unterbrechungen „seltsambe vnd erschröckhliche" Wettergeschehnisse aus Oberösterreich von 1340–1515 enthalten. Sie werden nachstehend in chronologischer Reihenfolge in den Abschnitten 2.1.1–2.1.4 behandelt und im Abschnitt 2.1.5 durch meteorologische Beobachtungen aus Linz für das Jahr 1492 ergänzt.

Den von KONRAD SCHIFFMANN aufgezeigten Mangel an systematischen Zusammenstellungen der erwähnten Art für einzelne Landstriche bzw. Landesgebiete hat u. a. auch GEORG WACHA bedauert und hinzugefügt, daß diesem Mangel bislang in keiner Weise abgeholfen wurde.

2.1.1 Zisterzienserstift Wilhering von 1340–1356.
Beobachter: MICHAEL RIPPO (RIPPE).

Die ältesten in den „Annalistischen Aufzeichnungen" KONRAD SCHIFFMANNs enthaltenen oberösterreichischen Witterungsangaben von 1340–1356 befinden sich in der Handschrift „IX 158" der Bibliothek des Stiftes Wilhering. Als Autor dieser Aufzeichnungen ist MICHAEL RIPPO (RIPPE) nachgewiesen, der einer der Familien angehörte, die zu den frühen Förderern und Wohltätern des Zisterzienserstiftes Wilhering zählte.

Das zwischen der Donau und dem Westende des Kürnbergerwaldes gelegene Kloster Wilhering war eine Gründung der edelfreien Brüder ULRICH und CHOLO VON WILHERING, die von dem Ruf des Ordens von Citeaux beeindruckt, sich wegen der Errichtung einer Zisterze mit dem steierischen Stift Rein in Verbindung setzten. Im Jahre 1146 trafen die ersten Mönche aus Rein auf dem Gründungsgut Schloß Wilhering ein, da aber wirtschaftliche Schwierigkeiten und Nachwuchsmangel die Neugründung bedrohten, trat das Stift Rein seine Rechte an das eigene Mutterkloster Ebrach in Franken ab, so daß um 1195 der eigentliche Klosterbau begonnen werden konnte. In der Folgezeit gelangte das Stift Wilhering insbesondere durch zahlreiche Stiftungen zu hoher Blüte und war in der Lage, drei Tochterklöster zu gründen. Zu den großen Wohltätern des Stiftes im Mittelalter gehörte vor allem das Geschlecht der Schaunberger, die die Stiftskirche als ihre Grabstätte wählten. Noch heute befinden sich hier zwei marmorne Hochgräber aus dem 14. Jahrhundert, die zu den interessantesten Werken deutscher Plastik zählen.

Über MICHAEL RIPPO, dessen Lebensspanne wahrscheinlich die ersten 6 Jahrzehnte des 14. Jahrhunderts umfaßt, haben sich nur wenige konkrete Angaben ermitteln lassen. Es kann als sicher gelten, daß er als Pfarrer bzw. Priester in einer der 13 Pfarreien gewirkt hat, die seit 1240 mit dem Stift Wilhering verbunden sind. Berechtigt ist ferner die Annahme, daß MICHAEL RIPPO zumindest gegen Ende der 50er Jahre Mitglied des Stiftes Wilhering war. Hierzu hat KONRAD SCHIFFMANN allerdings vermerkt: „Doch möchte ich den Ausdruck ‚Mitglied' im weitesten Sinne aufgefaßt wissen. Da nämlich RIPPO nirgends als Frater bezeichnet ist, wird er nicht als monachus, sondern als familiaris zu betrachten sein." Er dürfte also seinen letzten Lebensabschnitt „als zum Hause gehörig" im Stift Wilhering verbracht haben.

Die wenigen überlieferten Aufschreibungen MICHAEL RIPPOs in lateinischer Sprache, die zu berücksichtigen sind, werden in der Tabelle 1 angegeben.

Tabelle 1:
Witterungsaufzeichnungen von MICHAEL RIPPO aus der Handschrift „IX 158" der Stiftsbibliothek Wilhering.

1340:	Anno domini 1340 volaverunt locuste tempore messis.
1348, 25. 1.:	Anno domini 1348 factus est terre motus tam magnus et validus, quod multe civitates corruerunt, in conversione S. Pauli (25. 1.).
1348, 2. 2.:	Eodem 1348 in purificacione Marie (2. 2.) similiter factus est.
1349:	Anno domini 1349 pestilencia fuit in tota terre.
1356, 18. 10.:	Anno domini 1356 iterum terre motus factus est Luce evangeliste (18.10.). Et morstallum lapideum factum est.

2.1.2 Zisterzienserstift Wilhering von 1473–1511.

Beobachter: Ein unbekannter Kleriker.

Auch die zweite Folge der von KONRAD SCHIFFMANN exzerpierten Witterungsaufzeichnungen aus dem Zeitraum von 1473–1511 sowie einer zusätzlichen Angabe aus dem Jahre 1412 stammt aus dem Stift Wilhering. Die fraglichen Witterungsberichte befinden sich in einem „*Psalterium secundum chorum ecclesie Pataviensis*", dem ein „Kalendarium" vorhergeht. Es wird unter den Inkunabeln der Stiftsbibliothek Wilhering mit der Signatur „VIII 46" geführt.

In das erwähnte „Kalendarium" wurden von unbekannter Hand neben historischen Bemerkungen auch einige meteorologische Beobachtungen eingetragen, die, abgesehen von dem Jahre 1412, aus der Zeitspanne von 1473–1511 stammen.

Außer der Tatsache, daß der unbekannte Verfasser der Aufzeichnungen auf seine im Jahre 1508 empfangene Priesterweihe hingewiesen hat, konnten keinerlei weiteren Angaben über seine Herkunft und seinen Lebensweg eruiert werden. Die Erwähnung der Priesterweihe des Autors im Jahre 1508 läßt jedoch den Schluß zu, daß eigene Witterungsbeobachtungen vor diesem Zeitpunkt unwahrscheinlich sind, und die Witterungsangaben von 1412 und 1473–1506 folglich auf Quellen zurückgehen, die dem Geistlichen zugänglich waren.

KONRAD SCHIFFMANN hat sich übrigens zu der Person des unbekannten Verfassers wie folgt geäußert: „Aus dem Inhalt seiner Aufzeichnungen und aus der Bestimmung des Buches, in dem sie uns entgegentreten, dürfen wir schließen, daß er dem Weltklerus der Passauer Diözese angehörte."

Hinsichtlich der Frage des oder der Beobachtungsorte der Witterungsangaben sind, abgesehen vom Stift Wilhering, selbstverständlich keine Aussagen möglich, doch befanden sie sich wohl im Oberösterreich.

In der Tabelle 2 sind die meteorologischen Angaben aus dem erwähnten „Kalendarium" in dem „Psalterium, Signatur VIII 46" der Stiftsbibliothek Wilhering wiederum in lateinischer Sprache zusammengestellt.

2.1.3 Moosbach von 1412–1516.

Beobachter: WOLFGANG PERNDORFER.

Auf den Pfarrer WOLFGANG PERNDORFER, der von 1513–1543 in dem im oberen Innviertel südöstlich von Braunau gelegenen Ort Moosbach wirkte, geht der dritte Teil der Witterungsbeobachtungen zurück, den KONRAD SCHIFFMANN in seinen „Annalistischen Aufzeichnungen, Linz 1905" herangezogen hat. Die von PERNDORFER hinterlassenen Niederschriften, die neben geschichtlichen Eintragungen und der Schilderung von Geschehnissen aus der Pfarrpfründe selbst die erwähnten meteorologischen Beobachtungen enthalten, befinden sich in einem der Handschrift vorgebundenen Kalendarium auf Pergament, das vermutlich einem alten Missale entstammt. Die Handschrift befindet sich heute im Pfarrarchiv zu Moosbach.

PERNDORFER wurde am 30.1.1475 geboren. Wie sein Geburtsort, ist auch unbekannt, welche Latein- oder Klosterschule er besuchte und an welcher bzw. welchen Universitäten er seine theologischen Studien absolvierte. Belegt ist dagegen, daß PERNDORFER im Jahre 1504 als Hofkaplan des Kaisers MAXIMILIAN I. (1459–1519), der in den bayerischen Erbfolgekrieg zugunsten der bayerischen gegen die pfälzische Linie der Wittelsbacher eingriff, Augenzeuge der Belagerung der Feste Kufstein wurde, bis diese am 17.10.1504 mit Hilfe der neuen Kaiserlichen Artillerie genommen werden konnte.

Von den Geschwistern PERNDORFERs, er hatte Zwillingsschwestern und drei Brüder, hat der im Jahre 1461 geborene Bruder Georg bestimmend in seinen Lebensgang eingegriffen. SCHIFFMANN vermerkte hierzu: „Georg wurde 1487 zum Priester geweiht, war nacheinander Hofkaplan bei Kaiser MAX, Herzog FRIEDRICH von Sachsen, von 1490 an bei Herzog GEORG von Bayern bis zu dessen Tode (1503), hierauf bei RUPPRECHT von der Pfalz, wurde Pfarrer von Moosbach, trat 1513 diese Pfründe seinem Bruder Wolfgang ab und ging als Kanonikus von Altötting auf die bayerische Pfarre Winhöring."

Damit steht fest, daß PERNDORFER seit dem Jahre 1513 als Pfarrer in Moosbach gewirkt hat. Es besteht aber Grund zu der Annahme, daß er dort unter seinem Bruder Georg (1461–1529) bereits mehrere Jahre als Vikar tätig war, bis dieser eben zu Gunsten seines Bruders Wolfgang resignierte. Übrigens stammt die älteste Eintragung WOLFGANG PERNDORFERs im Moosbacher Pfarrhandbuch aus dem genannten Jahr 1513 (Pf. Hb. MI, Nr. 56).

Als Pfarrer war WOLFGANG PERNDORFER zielbewußt und energisch bestrebt, seine Rechte als Grundherr uneingeschränkt auszuüben und die Einrichtung und die Geschlossenheit der Moosbacher Pfarrpfründe zu erreichen. Die gewöhnlichen Seelsorgedienste hat PERNDORFER selbst verrichtet, da er außer dem üblichen Gesellpriester noch einen Kaplan „honoris causa" unterhielt.

Übrigens bezog Wolfgang auch die Einkünfte aus der Pfarre Bergkirchen bei Dachau, die er durch einen Vikar verwalten ließ. Als Zeugnis der vielseitigen Tätigkeit WOLFGANG PERNDORFERs kann ferner die alte große Glocke der Moosbacher Kirche gelten, die bis zum Jahre 1902 benutzt wurde. Diese Glocke, die er im Jahre 1522 von Hans Schuspeck in Burghausen gießen ließ, trug den Namen WOLFGANG PERNDORFERs mit dem Motto: „Rex gloria, veni cum pace".

Die hohe Wertschätzung, deren sich der Moosbacher Pfarrer allgemein erfreuen konnte, fand ihren Ausdruck u. a. darin, daß ihm Herzog WILHELM IV. von Bayern (1493–1550) „um seiner Ehrbarkeit und (seines) priesterlichen Wesens halber mit sondern Gnaden geneigt war" und ihm im Jahre 1528 den Titel „Hofkaplan" verlieh.

Die Aufzeichnungen WOLFGANG PERNDORFERs in dem Moosbacher Pfarrhandbuch enden bereits mit dem Jahre 1531, wenngleich er erst 1543 resignierte. F. BERGER hat die Meinung vertreten, daß dauernde Kränklichkeit als mögliche Erklärung angenommen werden könnte.

Tabelle 2:
Witterungsbeobachtungen eines unbekannten Klerikers aufgezeichnet in dem Kalender des Psalteriums Sign. VIII 46 der Stiftsbibliothek von Wilhering.

1412, 25.–27. 11.:	Anno etc. ventus magnus feria sexta.
1473, 23. 6.:	Siccitas terre.
1474, 29. 6.:	Ventus magnus.
1480, 25. 12. bis 1481, 25. 3.:	Anno etc. frigus maximus a nativitate Christi usque annunciacionis Marie.
1501, 15. 8.:	Innundacio magna.
1505, 16. 11:	Anno etc. ventus magnus.
1506, 7. 3.:	Anno etc. sexto ventus magnus.
1508, 25. 12. bis 1509, 13. 1.:	Anno etc. siccitas magna et duravit usque ad octaves regum.
1509, 1. 4.:	Anno etc. nono combusta est Lyncz.
1511, 26. 3.:	Anno etc. undecimo terra tremuit.

Wie vermerkt, übte WOLFGANG PERNDORFER seine Arbeit als Pfarrer zu Moosbach bis zum Jahre 1543 aus, in welchem er seinen Nachfolger GEORG KUMPFMÜLLER „dahin promovierte". Gelegentlich der Visitation der Pfarreien des Innviertels 1558/59 gab dieser an, daß er ungefähr 15 Jahre Pfarrer in Moosbach sei, nachdem er 5 Jahre daselbst Kooperator gewesen. Ferner berichtete GEORG KUMPFMÜLLER, er habe PERNDORFER bis zu dessen Tode im Jahre 1544 jährlich 80 fl. Reservat geben müssen.

Wahrscheinlich starb PERNDORFER am 24. Juni 1544 und wurde in Moosbach beigesetzt. Zwei Grabsteine an der äußeren Kirchmauer halten die Erinnerung an ihn wach. An einem der Grabsteine ist die seinen Sterbetag betreffende Stelle „Am tag . . . papt. anno domini 1544" beschädigt.

Die eingangs erwähnten Witterungsaufzeichnungen WOLFGANG PERNDORFERs stammen aus seiner Moosbacher Zeit, die bis zum Jahre 1412 zurückreichenden Witterungsangaben dürfte er jedoch einer ihm zugänglichen gedruckten Chronik entnommen haben. Im übrigen machte K. SCHIFFMANN geltend, daß PERNDORFERs frühere Stellung das Interesse an Vorgängen besonders in Bayern erklärt und seinen Aufzeichnungen erhöhte Zuverlässigkeit verleiht.

Die Tabelle 3 enthält die von WOLFGANG PERNDORFER überlieferten Witterungsbeobachtungen aus der Zeit von 1412–1516.

Tabelle 3:
Pfarrer WOLFGANG PERNDORFERs Witterungsaufzeichnungen aus Moosbach aus der Zeit von 1412–1516.

1412, 25.–27.11.:	Anno etc. fuit ventus validus die S. Katharinae quarta feria et duravit in diem dominicam.
1456, 14. 6.:	Anno etc. visa est cometa et eodem in profeste S. Viti fuit grando maxima in valle Rotte.
1473:	Anno etc. fuit aestas ferventissima.
1474, 29. 6.:	Anno etc. die apostolorum Petri et Pauli fuit ventus validus.
1485, 16. 3.:	Anno etc. fuit eclipsis totalis sedecima die mensis Martii.
1501 und 1502:	Anno etc. primo et secundo numeri fuerunt vermiculi quam plurimi longitudine unius articuli diversi coloris arboribus, graminibus undique inhaerentes pleniterque earumque demolientes, corrodentes folia ac si forent subustulati. Et manserunt usque ad messem et tandem evanuerunt et nullus eorum videbatur amplius.
1515, um 13. 7. und danach	Anno etc. circa festum Margarethe et in tempore metendi erat pluvialis aer quatuor ebdomadarum. Fuit inundatio aquarum, defluerunt fruges et partim perierunt in campis, vulgo der Waxen (scharfe Feuchtigkeit) et populus undique peregrinans cum reliquiis. Nos hic Mospach ad Beatam Virginem in Mining, de Wenng nemo potuit advenire. In aliquibus campis Hunttorn et Öd (Ortschaften in den Gemeinden Moosbach und Weng) ad tumbos natavimus usque . . .
1516:	Anno salutis etc. erat messis frugum ante Johannis Baptiste, quia estas fervida maturescebat.

2.1.4 Wels von 1491–1515.

Beobachter: LORENZ MITTENAUER.

Als vierte Folge hat KONRAD SCHIFFMANN in seine „Annalistischen Aufzeichnungen, Linz 1905" Witterungsbeobachtungen einbezogen, die LORENZ MITTENAUER aus der Zeit von 1491–1515 in Wels ausgeführt hat. Sie befinden sich in einem zu Beginn der 90er Jahre des 15. Jahrhunderts gedruckten, von dem Karthäuser WERNER ROLEVINCK verfaßten „Fasciculus temporum" oder „Abriß der Weltgeschichte". Das im Besitz der Bibliothek zu St. Florian befindliche Werk endet mit dem Tode des ungarischen Königs MATTHIAS I. CORVINUS, der am 6.4.1490 in Wien verstarb. Beigeheftet sind eine Anzahl Blätter mit Aufzeichnungen zeitgeschichtlichen und persönlichen Inhaltes sowie der erwähnten Witterungsangaben in lateinischer Sprache.

Aus dem Inhalt der Aufzeichnungen ergibt sich, daß der um 1465 in einem unbekannten Ort vermutlich in Oberösterreich geborene LORENZ MITTENAUER nach dem Besuch einer Latein- oder Klosterschule im Jahre 1484 an der 1379 gegründeten Universität Erfurt immatrikuliert war und Theologie studierte. Wegen der Beteiligung an einer blutigen Schlägerei wurde er mit vielen anderen Studenten fast ein Jahr inhaftiert. Nach seiner Entlassung im September 1485 trat er eine sogenannte Bildungsreise an, hielt sich bei der Wahl MAXIMILIANs I. (1459-1519) am 16.2.1486 zum Deutschen König in Frankfurt am Main auf, besuchte darauf u. a. Trier und anschließend die Schweiz, wo er dem berühmten Einsiedler NICOLAUS VON DER FLUE (1417-1488) im Ranft am Eingang des Melchtales einen Besuch abstattete.

Aus den Jahren 1488/89 liegen keine Angaben über MITTENAUER vor. Über die folgende Zeit vermerkte K. SCHIFFMANN: „Von den Studien weg scheint er sich allerdings nicht für den Kirchendienst entschieden zu haben. Vielmehr nahm er 1490 an dem Ungarnfeldzug König MAXIMILIANS I. als ‚stipendiatus' des Abtes LAURENCIUS von Gleink bei Steyr an der Eroberung von Stuhlweißenburg teil." Unter ‚stipendiatus' dürfte zu verstehen sein, daß er als Söldner bzw. Söldnerführer nach Ungarn gezogen ist. Bei der Belagerung der Ungarnschanze bei Ernsthofen an der Enns wurde MITTENAUER im September 1491 durch einen Pfeilschuß erheblich verwundet.

Wann MITTENAUER seine militärische Karriere beendete, ist nicht bekannt, es steht aber fest, daß er spätestens seit der Jahrhundertwende seiner eigentlichen Berufung folgte und dem geistlichen Stande angehörte.

Seinen festen Wohnsitz hatte MITTENAUER in der Stadt Wels. Zurückgehend auf die römische Siedlung Ovilava, wird die Burg Wels erstmals im Jahre 776 als „castrum Weles" bezeichnet. Die sich unter wechselnden Herrschaften entwickelnde Niederlassung fiel nach dem Aussterben der Babenberger an die Habsburger. Grundlage des wirtschaftlichen Gedeihens der Stadt Wels an der Traun war neben dem seit 1372 privilegierten Holzhandel der gedehnte Getreide- und Salzhandel. Im Jahre 1422 erhielt die Stadt, in der seit dem 14. Jahrhundert eine Lateinschule unterhalten wurde, die hohe Gerichtsbarkeit und das Recht, ein Rathaus zu bauen. Der Landtag der niederösterreichischen Stände 1517 vorübergehend in Wels, wo Kaiser MAXIMILIAN I. gern und oft weilte und am 12.1.1519 auf der Burg starb. Im 16. Jahrhundert war die Stadt Sitz einer bedeutenden Schule des Meistersanges, an der u. a. der Nürnberger HANS SACHS (1494-1576) seinen Studien nachging. Der Reformation schloß sich übrigens der überwiegende Teil der Bevölkerung sehr früh und bemerkenswerterweise völlig konfliktlos an.

Für die Bedeutung der Stellung, die MITTENAUER in der katholischen Hierarchie erlangte und einnahm, zeugen nicht zuletzt seine im Auftrage der Kirche ausgeführten Reisen. Bezeugt ist ferner, daß er 1513 in Innsbruck einen außerordentlich harten Winter erlebte und am 12.1.1519 auf der Burg Wels am Sterbebett Kaiser MAXIMILIANs I. weilte. Eben die Tatsache, daß MITTENAUER die letzten Augenblicke des vom Volk, den Künstlern wie den Humanisten gleichermaßen geliebten und verehrten Monarchen miterleben durfte, unterstreicht die hohe Wertschätzung, deren er sich erfreuen konnte.

Die letzte, aus dem Jahre 1523 stammende Aufzeichnung MITTENAUERs beweist, daß er zumindest bis zum Jahre 1524 lebte und wirkte. Da weitere konkrete Angaben fehlen, ist nicht bekannt, wann und wo sein Leben schließlich endete.

KONRAD SCHIFFMANN hat in seinen „Annalistischen Aufzeichnungen, Linz 1905" darauf hingewiesen, daß MITTENAUER schon seit früher Jugend ausgesprochene Interessen für die Geschichte zeigte, jedoch kein besonders guter Kritiker war. Die im Rahmen seiner vorwiegend historischen Aufzeichnungen mitgeteilten Witterungsangaben sind, da spezielle meteorologische Neigungen nicht unterstellt werden können, zweifellos als allgemein bemerkenswerte Ereignisse in Oberösterreich zu bewerten.

In der Tabelle 4 sind MITTENAUERs Witterungsaufzeichnungen aus dem Zeitraum von 1499–1515, die sich abgesehen von der Angabe für 1491 auf die Stadt Wels beziehen, zusammengestellt.

Tabelle 4:
Witterungsaufzeichnungen LORENZ MITTENAUERs aus Wels von 1491–1515 nach K. SCHIFFMANN.

1491:	Anno 91 super XIII.C. fuit tanta caristia in Austria et Bavaria, quod non fuit hominum in memoria.
1499:	Anno sequenti super XIIII.C. tanta creverunt vina in Austria, quod defuerunt vasa ad illa; quod vas novum continens 24 urnas (vulgo dreyling) vendebatuo pro 7 talentis denariorum et mercatores in aquis descendentes et propria vasa habentes urnam vini pro 18 denariis.

1501: Anno primo virginalis partus supra 1500 circa festum Assumcionis Marie fuit tanta inundacio aquarum, quae non fuit in hominum memoria. Domos in plana iacentes depoetavit, integras villas rapuit, pontes aquarum destruxit, homines et iumenta submersit, muros civitatum colliculosque provinciarum prae magnitudine cooperuit. Non tamen in uno loco sed multis in provinciis ex relacione mortalium factum fuit, utique speciali plaga Dei. Vinea, pomeria et quasi omnem fructum in arboribus et campis, quem apprehendit, inutilem reddidit et annihilavit.

1503: Anno tercio super 1500 fuit tanta siccitas, ut fenum, avenam alioque fructus annihilavit, fontes aquarum desiccavit et magna flumina cum piscibus depauperavit.
Tandem eodem anno ceciderunt sanguinolenta signa de nubibus diversas figuras habencia; aliquot fuerunt ad modum corone, aliquot ad modum lancie et aliquot ad modum balistarum, tesserarum et quod designarunt, ad doctis non est auditum.

1507, 6. 7.: Item anno septimo super 1500 in octava Petri et Pauli, scilicet sexto die Julii, infra quartam et quintam versus noctem facta est tanta tempestas aeris et fulgura, quod ceciderint lapides ex operacione orbium celestium de glacie facti parvi et magni, aliquot ad modum avelanie, alii ad modum ovi columbe, aliquot ad modum ovi auce, sed maiores ad modum globi piramidum, de quibus ego unum in magnibus habui, quem et ponderavi unacum sociis meis, qui habuit in pondere 4 libras et 1½ quartalia (vulgo vier phunt und anderhalben vierdung) et ceciderunt cum tanta vehementi, quod penetrarunt nova tecta et molestarunt animalia bruta in domibus, quod equi mugitum dederunt vel ti boves. Et frumenta in campis annihilavit et animalia ut sunt auce, schrophe, oves in campo occidit, in aliquibus locis homines interfecit. Et aliquot fuerunt lati et non globosi in latitidine palme cum tribus digitis, utique plage Dei.

1512, 8. 11.: bis 1513, 7. 3. und darüber
In anno 13. supra 1500 fuit hiems tanti algoris seu frigiditatis, quod aqua in profundis fontibus et aqua velocissimi cursus congelate fuerunt et exaruerunt. Eciam in aliquibus locis per unum miliare et ultra coloni seu rurales vel rustici iumentes aquam deportarunt et tanta caristia in aquis non fuit in hominum memoria. Algor autem incipiebat die divi Leonhardi et durabat sine intermissione usque Perpetue virginis et ultra. Et ego ipse vidi nuncium in Ispruck, qui veniebat per viam Verone, qui paciebatur tantum frigus, quando intrabat stubam calidam in castro Ispruck et veluit tecale facete circa focum, tunc ceciderunt aures de capite suo. Nullum sensit pro tunc dolorem, adeo passus fuit frigorem.

1514: Item anno XIV. supra 1500 fuit annus tante siccitas seu caliditatis, quod gramina in pratis eciam in locis paludosis exaruerunt et quasi fenum nullitatis crevit et frumenta fuerunt circa festum Udalrici matura. Et siligines una cum avena circa festum Marie-Magdalene in horrea fuit deducta et prata videbantur quasi essencia igne cremata. Et eodem anno avena et ordeum et quotquot seminatur quadragesimali tempore perierunt in tantum, (quod) qui aliquando siminavit decem metretas, non quatuor metratas in messe iterum collegit, ideo frumenta illa fuerunt in magno preccio.

1515: Item anno XV. supra 1500 fuit estas magne humiditatis et tante pluvie ex quibus creverunt flumina et magna fuerunt damna in vineis, agris et annihilaverunt vina, frumenta in campis deu agris. Et ita quotidiane erant pluvie, quod a festo S. Sophie, quae dies est quindecima mensis Maii, usque sancti Bartholomei inclusive fuerunt tantum tres clari dies.

2.1.5 Linz von 1492.

Beobachter: PAUL RASP.

Die von K. SCHIFFMANN ermittelten vier Gruppen einzelner oberösterreichischer Witterungsbeobachtungen aus dem Zeitraum von 1340–1516, die in den Tabellen 1–4 der Abschnitte 2.1.1–2.1.4 angegeben sind, hat G. WACHA in (68) in einer einzigen, chronologisch geordneten Tabelle zusammengefaßt. Ergänzend wurden jedoch noch Witterungsaufzeichnungen hinzugefügt, die PAUL RASP im Jahre 1492 in Linz notiert hat.

Dabei hat sich RASP, „ain armer diener hern SIGISMUNDS PRUESCHINKHEN", bemerkenswerteise nicht des üblichen Lateins, sondern der deutschen Sprache bedient.

Linz, in der spätrömischen Militärgeschichte als „Lentia" nachweisbar, entwickelte sich spätestens im 10. Jahrhundert zu einer beachtlichen Siedlung am Fuße der Burg im Gebiet des heutigen „Alten Marktes".

Zunächst dem Herzogtum Baiern, später dem fränkischen Königshause zugehörig, wurde Linz um das Jahr 1210 von den Babenbergern erworben. Damit war die endgültige Integration des Ortes in das Herzogtum Österreich vollzogen. Zunächst von den Babenbergern, dann von den Habsburgern gefördert, erlebte die Ortschaft Linz, die 1236 erstmals „civitas" genannt wurde, eine beachtliche Blütezeit, wenngleich die Stadt im Streit zwischen dem Reich und den Landesfürsten mehrmals schwer von kriegerischen Ereignissen betroffen wurde. Am Ende des 13. Jahrhunderts wurde Linz Sitz der Landeshauptleute, die Bürger erlangten verbriefte Stadtrechte wie z. B. für die Abhaltung von Märkten und bedeutenden Messen. Zudem fanden im 13. und 14. Jahrhundert in Linz eine Reihe von Fürstentreffen und Versammlungen statt, auf denen wichtige territoriale Abkommen beschlossen wurden.

Der jahrzehntelange Bruderzwist zwischen Erzherzog ALBRECHT VI. (1418–1463) und Kaiser FRIEDRICH III. (1415–1493), dazu die Hussitenkriege, der Ungarnkrieg und die Liechtensteinerfehde führten zwar einerseits zu einem gewissen Niedergang der Stadt Linz, begünstigten jedoch andererseits einen wesentlichen Aus- und Aufbau der bürgerlichen Selbstverwaltung, so 1453 der Übernahme der Blutgerichtsbarkeit und 1490 der freien Wahl des Bürgermeisters sowie der Erklärung von Linz zur Hauptstadt des Landes ob der Enns. In den 80er Jahren fand FRIEDRICH III. in Linz Zuflucht vor den Ungarn. Auf seinen Befehl erfolgten die Verstärkungen der Befestigungen der Stadt und der Burg. Während der fünf Jahre von 1489–1493 weilte der Kaiser ständig in der Stadt, die dadurch de facto Hauptstadt des Heiligen Römischen Reiches deutscher Nation war.

Nach ihm hielten sich auch Kaiser MAXIMILIAN I. (1459–1519) und sein Enkel, der Kaiser FERDINAND I. (1503–1564) gern und häufig in Linz auf. Auch ihnen sind Ergänzungen und Erweiterungen der städtischen Privilegien zu verdanken.

In dem erwähnten Zeitabschnitt, in dem sich der Kaiser FRIEDRICH III. dauernd in Linz aufhielt, zeichnete PAUL RASP die von G. WACHA explizierten Witterungsbeobachtungen auf. RASP, zweifellos ein Mann von Distinktion, vertrat vermutlich in Linz als Bevollmächtigter die Interessen SIGISMUND PRUESCHENKHs, eines der beiden Brüder SIGISMUND und HEINRICH PRUESCHENKH. Der Einfluß und die Bedeutung dieses reichen steierischen Geschlechtes geht allein schon daraus hervor, daß es Kaiser FRIEDRICH III. erhebliche finanzielle Mittel leihweise zur Verfügung stellte.

Die Tabelle 5 enthält die Witterungsaufzeichnungen in deutscher Sprache aus dem Jahre 1492 von PAUL RASP.

Tabelle 5:
PAUL RASPs Linzer Witterungsaufzeichnungen aus dem Jahre 1492 nach G. WACHA, Sonderheft VI der Zeitschrift „Wetter und Leben", Wien 1959.

1492, 16. 6.: An sambstag vor Trinitatis ist urbring so ain groser wint khämen, das derselb wint zu Lincz ain gros tail ains newen paws am gsloss nyder geworffn hat.

25. 6.: Darnach am monntag nach Iohannis Baptiste is noch vill ain grösser khömmenn, hat aber an dem gsloss ain cappellnn nyder geworffnn unnd in der stat ettwe vil decher von hewsern wegkhgefurt, ungeverlich umb IIII oder V ur nach mittentag. Umb newn oder zehen ur in der nacht ist ain so grosser regen kömen, der nye grösser gesehenn ist worden; der über den perg (Schloßberg) eibgross stain tragn hat.

26. 6.: Am eritag darnach ist umb XII ur am tag noch vil ain grösser regen gewesnn, nit ain halbe stund.

5. 7.: Anno eiusdem an phinczstag nach sannd Ulrichs tag des nachts umb XI ur ist abermals ain grosser wint mit vill tuner, plicz unnd regnn kömmen, in der stat ettlich decher an den hewsern abgerissen unnd am gsloss zu Lincz ainenn merckliches schaden an dem gewew tan, ain gros, langs zymmer mit dem dach zerprochnn unnd über den perg abgeworfnn.

Literatur: (6), (7), (13), (45), (60), (68), (75).

2.2 Leitmeritz in Böhmen von 1454–1716.

Beobachter: Stadtschreiber von Leitmeritz.

Eine bemerkenswerte Zusammenstellung von Witterungsereignissen aus der an der Elbe gegenüber der Egermündung gelegenen nordböhmischen Stadt Leitmeritz hat der Gymnasialprofessor und Archivar der Stadt Leitmeritz Dr. W. KATZEROWSKY für den außerordentlich langen Zeitraum von 1454–1892 in mehreren Arbeiten veröffentlicht, die 1886 und 1887 in Prag und 1895 und 1896 in Leitmeritz erschienen.

Wie in allen Fällen chronistischer Witterungsaufzeichnungen, die sich über Jahrhunderte erstrecken, war selbstverständlich eine Vielzahl von Chronisten und Beobachtern beteiligt und es bedarf kaum der Erwähnung, daß die Ergebnisse der Beobachtungen besonderer Elementarereignisse in einer Reihe von Handschriften teils amtlichen, teils privaten Charakters verzeichnet worden sind. Nach seinen eigenen Angaben hat W. KATZEROWSKY auf sieben Archivalien des Stadtarchivs und sechs weitere Quellen aus dem Leitmeritzer Dekanatsarchiv, der Bibliothek der Oberrealschule sowie der Leitmeritzer Presse und sonstige Publikationen zurückgreifen können. Auf eine spezielle Wiedergabe der genannten Quellen kann hier verzichtet werden.

Die von KATZEROWSKY aus der Reihe Leitmeritzer Einzelchroniken für die Epoche von 1454–1892 erfaßten Elementarereignisse und Witterungsangaben lassen sich in drei Abschnitte unterteilen:

1) 1454–1716: Witterungsaufzeichnungen der Leitmeritzer Stadtschreiber.
2) 1717–1762: Witterungsaufzeichnungen des Leitmeritzer Rathsverwandten ANTON GOTTFRIED SCHMIDT.
3) 1763–1892: Witterungsaufzeichnungen der Leitmeritzer Stadtdechanten sowie anderer Persönlichkeiten.

Für die vorliegende Arbeit sind nur die unter 1) genannten Witterungsaufzeichnungen Leitmeritzer Stadtschreiber von 1454–1716 von Interesse. Die wichtigste, von W. KATZEROWSKY für diese meteorologischen Beobachtungen herangezogene Quelle war das „liber memorabilium" des Leitmeritzer Rathsverwandten ANTON GOTTFRIED SCHMIDT, der am 11.1.1694 als Sohn des Johann Augustin Schmidt und seiner Ehefrau Regina Benigna geb. Donatin zu Leitmeritz geboren wurde. Am 8.10.1717 wurde er als wirklicher Amanuensis consularis Bürger seiner Vaterstadt, heiratete am 11.10.1721 die Tochter Franciska des Glashüttenmeisters Valentin Schirer von Waltheim aus Falkenau, erlangte am 14.10.1726 die Würde eines Rechts-Assessors und wurde am 21.6.1743 zum Rathsverwandten der Stadt Leitmeritz befördert. Nach kurzer Krankheit starb er am 16.2.1762 und wurde am 18. des Monats mit seinem Rang entsprechenden Leichengepränge auf seinen Wunsch hin auf dem öffentlichen Friedhof beigesetzt.

Bei dem „liber memorabilium" ANTON GOTTFRIED SCHMIDTs handelte es sich um einen starken in Leder gebundenen Band in Großfolio mit 774 Seiten Text und 60 Seiten Index in deutscher Sprache, in dem die wichtigsten Ereignisse der Stadt Leitmeritz seit deren Gründung bis zum 25.8.1716 behandelt wurden.

SCHMIDT hatte sich seinerseits insbesondere auf das tschechische Manuskript einer inzwischen verlorengegangenen Chronik bezogen, in der von verschiedener Hand mehr oder weniger ausführliche Mitteilungen in Tagebuchform über alle bedeutenden Lokalgeschehnisse der Stadt und Umgebung von Leitmeritz, Ereignisse der Zeitgeschichte, bedeutsame Naturbegebenheiten, Elementarereignisse und Witterungsbeobachtungen verzeichnet worden waren. Hierbei galt bis zum Jahre 1583 der Julianische, ab 1584 der Gregorianische Kalender.

Es ist interessant, daß die erwähnte, nicht mehr verfügbare tschechische Chronik offenbar von dem bekannten Prager Astronomen ANTON STRNAD (1746–1799) bei der Abfassung seines Werkes „*Chronologisches Verzeichnis der Naturbegebenheiten von 633–1700, Prag 1795*" verwendet wurde, denn bei den Angaben für das Jahr 1531 führte er als Autor einen gewissen Johann „z Hradu" an. Tatsächlich dürfte es sich aber um den Leitmeritzer Rathsschreiber JOHANN WEYSAR „z Hradku" gehandelt haben, der im Jahre 1575 in Leitmeritz starb.

Abgesehen von dem Bericht, in dem die Zerstörung der 1452 erbauten hölzernen Elbbrücke in der Aprilmitte des Jahres 1454 mitgeteilt wurde, enthielt die fragliche tschechische Chronik, deren sich ANTON GOTTFRIED SCHMIDT bei der Abfassung des „liber memorabilium" bediente, mit dem 4.9.1500 einsetzende Witterungsaufzeichnungen. In der Tabelle 6 folgen die qualitativ hervorragenden meteorologischen Angaben für den Zeitabschnitt von 1500–1531.

Tabelle 6:
Witterungsbeobachtungen aus Leitmeritz von 1500–1531 exzerpiert aus dem „liber memorabilium" des ANTON GOTTFRIED SCHMIDT nach W. KATZEROWSKY.

1500, 4.9.: Gegen Abend entlud sich über Leitmeritz und der Umgebung ein schweres Hagelwetter, es fielen Schlossen in der Größe einer Mannesfaust, die kleinsten waren wie wälsche Nüsse.

September: Dieses Jahr hat die Weinlese sehr früh, 3 1/2 Wochen vor St. Wenzel begonnen; am 28. war sämtlicher Wein bereits gelesen.

1501, 15.8.: Am Tage unserer lieben Frau hat die Elbe zu wachsen begonnen; den folgenden Tag war das Wasser bereits so hoch, daß es die Walke, die Schleifmühle und 3 Brückenfelder bei der Brunneninsel mitgenommen. Bald darauf sind 5 Felder gegenüber dieser Insel und gegen Abend die 5 mittleren weggerissen worden, so daß von der Brücke nichts weiter übrig geblieben, als das Stück vom Schrank bis zu den 2 Secreten, die auf der Brücke gestanden. Dieses Hochwasser überschwemmte weit und breit die Gegend; es reichte bis Brnian und Lukawetz und verursachte ungeheuren Schaden. Von der Fischerei blieb fast nichts stehen, und selbst

	in der Dubina und am Janow wurden viele Häuser beschädigt. Nur die Stadtbäder blieben unversehrt. Wie zu hören gewesen, war auch in andern Ländern ein dergleichen hohes Wasser.
1503, ohne Datum:	War eine solche Dürre, wie sie seit 30 Jahren Niemand gedenket; alle Quellen und Bäche vertrockneten, das Getreide konnte nicht geschnitten, sondern mußte gerupft werden; der Wein ist klein geblieben.
10. 8.:	An St. Laurentius und die folgenden 2 Tage gab es starken Reif.
1504, 8. 3.:	Ist durch eine unverhoffte, jählings eingefallene starke Eisfahrt die kurz vorher verfertigte Elbebrücke zum zweitenmale weggerissen worden. Es sind diesmal 11 der größten Felder sammt den Pfählen von Grund aus mitgenomen worden. Auch die Walke wurde wieder zerstört. Der Schaden bei dieser Überschwemmung war dreimal so groß als anno 1501, wo zwar auch die Brücke weggeführt, aber doch die Pfeiler stehen geblieben sind.
15. 5.:	Ist die neue Elbbrücke vollendet worden, deren Bau 9 Wochen und 5 Tage gedauert, von dem Freitage an gerechnet, an welchem dieselbe vom Eise weggerissen wurde.
Herbst:	Dieses Jahr ist so viel Wein gewachsen und eine so reichliche Weinlese gewesen, wie schon seit 100 Jahren nicht.
1507, 11. 4.:	Hat ein starker Frost in den Weingärten großen Schaden verursacht.
1507, 13. 5.:	An Christi Himmelfahrt nach der Vesper sind Schlossen, wie Taubeneier groß, gefallen.
1511, 26. 3.:	Sind die Leute allhier durch ein starkes Erdbeben in großen Schrecken versetzt worden. Man verspürte diese Erderschütterung in der ganzen Stadt, namentlich aber im Stadtthurme und der Kirche „Aller heiligen", wo das steinerne Kreuz vom Giebel heruntergefallen ist.
1513, Herbst:	War viel und guter Wein; das Seidel des allerbesten Weines wurde um 4 kleine Pfennige geschänkt.
1513, Winter:	Heuer trat ein starker und großer Winter ein, der von St. Martin (11. Nov.) an 13 Wochen ohne Unterbrechung anhielt, wodurch alle Mühlen so verfroren, daß nirgends gemahlen werden konnte.
1514, ohne Datum:	Infolge der allgemeinen Mahlnoth entstand eine große Theuerung; doch war das Getreide selbst nicht theuer, denn ein Strich Korn galt 12 Groschen und der Weizen ein halbes Schock.
1516, Herbst:	Ist so viel Wein gewachsen, daß das Seidel zu einem Denar geschänkt wurde und war derselbe sehr süß und köstlich. Heuer konnte sich auch der Ärmste satt trinken.
Winter:	War ein warmer Winter; es gab keinen Frost und eigentlichen Schneefall. Zwar fiel dreimal Schnee, doch blieb dieser nicht liegen, sondern thaute gleich immer den andern Tag wieder auf. Dagegen kamen häufig Regengüsse vor, welche alle Wege ungangbar machten, und ungesunde Nebel, so daß kaum die Sonne sichtbar war; überhaupt gab es kaum 5 oder 6 Tage, welche heiter und kalt gewesen.
1518, 28.9.:	An St. Wenzel und den folgenden Tag wurde der Wein durch einen Frost sehr geschädigt, der am 30. eingefallene Frost aber vernichtete fast vollständig die Weinernte in der ganzen Gegend. Nur die frühen Weine gaben einen geringen Ertrag, die späteren blieben, da der Wein noch nicht reif war, zum größten Theile ungelesen auf den Gärten stehen.
1519, Juni:	Im heurigen Jahr ist alles sehr früh gewesen; der Getreideschnitt begann um Trnowan bereits Donnerstag und Freitag vor Pfingsten (9. und 10. Juni); doch dürfte dieser frühe Schnitt zweifelsohne aus Noth geschehen sein.
1520, December:	Ist in Böhmen eine große Sterbe gewesen; allhier in Leitmeritz war die Sterblichkeit um Weihnachten am größten.
1529, 30. 4.:	Nach der Vesper brach ein heftiger Sturm los, welcher auf dem Bleichplatze an der Elbe eine Menge Leinwand wegführte, deren ein Theil gegen Kopist, der andere Theil auf das Wehr getrieben wurde. Auch wurde ein Weib auf der Bleichwiese von dem Wirbelwind hoch über die Erde gehoben und dann zu Boden geworfen, wobei es den Arm brach und mehrfache Verletzungen erhielt, an denen es bald darauf auch gestorben ist.
23. 8.:	Abends hat ein Hagelwetter an dem Weingebirge großen Schaden gethan; ingleichen wurden infolge des starken Gußregens die Felder durch Abschwemmen des Erdreiches sehr geschädigt.
1531, ohne Datum:	War ein großer Komet am Himmel zu sehen.
Frühjahr:	Von Anfang April bis Mitte Mai haben sich die Weingärten in der Umgebung von Leitmeritz heruntergelassen und gesetzt; vom Berge „Radebeule" sind 2 große Theile sammt allem Gesträuch und Bäumen herabgerutscht. Ein gleich Bergrutsch ist bei Zahorzan vorgekommen, wo ein großes Stück des Berges „Holei" sich heruntergelassen hat.
1. 5.:	War ein Hochwasser der Elbe bei Leitmeritz. Das Wasser hatte eine Höhe, daß man es von der Brücke aus mit Händen erreichen konnte. Es verursachte bei der Stadt ziemlichen Schaden; unter anderem wurde auch die Schleifmühle wieder weggerissen.
1531, ohne Datum:	Dieses Jahr trat eine solche Theuerung ein, daß alles um das doppelte Geld hat bezahlt werden müssen. Ein Strich Korn kostete 2 Schock, Weizen 3 Schock, Gerste 1 Schock 30 Groschen.
ohne Datum:	Die Theuerung hatte eine Hungersnoth zur Folge. Viele Leute haben, um nur ihren Hunger zu stillen, Gras gegessen, auch das Laub von den Bäumen gekocht und genossen. Allenthalben hat man aus Kleien Brot gebacken und dieses öffentlich verkauft. Aus Mangel an Brot sind viele Menschen zugrunde gegangen.

Sommer: Infolge der ungesunden Nahrung entstand eine große Sterbe, welche von Ostern bis Jacobi dauerte und hier bis anderthalb Tausend Menschen wegraffte.

Herbst: Auf den allgemeinen Hunger folgte ein großer Segen Gottes an allen Feldfrüchten, besonders aber an Getreide und Wein.

: Die Weinlese dieses Jahres fiel ausnehmend gut aus; der Wein ist gut und in solcher Menge gerathen, daß die Leute nicht gewußt, wohin sie denselben gießen sollten; selbst Bierfässer wurden zur Aufbewahrung des Weines verwendet. Dadurch entstand eine solche Theuerung der Gefäße, daß ein leeres Faß auf ein halb Schock, später sogar auf 1 Schock kam, während das Faß des besten Weines nur mit 2 bis 3 Schock bezahlt wurde.

Für den Abschnitt 2) mit den Witterungsaufschreibungen von 1717–1762 verwendete KATZEROWSKY ebenfalls das „liber memorabilium" des Leitmeritzer Rathsverwandten ANTON GOTTFRIED SCHMIDT.

Der grundlegende Unterschied gegenüber allen früheren Berichten elementarer Witterungsereignisse besteht jedoch in der Tatsache, daß es sich bei allen Angaben aus dem Zeitraum von 1717–1762 um Originalbeobachtungen handelt. ANTON GOTTFRIED SCHMIDT hat die geschilderten Witterungsgeschehnisse aus der Stadt Leitmeritz und ihrer Umgebung selbst erlebt, die Mitteilungen über Ernteergebnisse, Erträge der Weinlese sowie die angegebenen Preise für landwirtschaftliche Produkte aller Art und für Wein basieren auf persönlichen Feststellungen und sind folglich besonders zuverlässig.

Hinsichtlich der Witterungsaufzeichnungen SCHMIDTs ist zu bemerken, daß sie in der Zeitspanne von 1717 bis etwa 1745 relativ kurz und summarisch waren, vom Jahre 1746 ab jedoch mehr und mehr an Umfang zunahmen.

Über ein Thermometer hat der Rathsverwandte SCHMIDT zweifellos nicht verfügt, denn anderenfalls hätte er vermutlich exakte Temperaturangaben hinterlassen. Es bleibt daher eine offene Frage, auf welche Bezugswerte er sich stützte, als er in seinem ersten Bericht vom Winter 1717 schrieb: „Von 1717 auf 18 war der Winter so kalt, daß viele fruchtbare Bäume erfroren. Er war um 2 Grade gelinder als der des 1708. Jahres".

Als Quellen für den Abschnitt 3) von 1763–1892 zog KATZEROWSKY das verfügbare Material aus dem Leitmeritzer Dekanatsarchiv, der Bibliothek der Oberrealschule, der Leitmeritzer Presse sowie sonstigen einschlägigen Publikationen heran.

Auch bei der Wiedergabe der Witterungsbeobachtungen von 1763–1892 hat KATZEROWSKY den Charakter und Stil einer Witterungschronik mit der ausschließlichen Angabe besonderer Elementarereignisse und landwirtschaftlicher Besonderheiten bis zum Ende, d. h. bis zum 31.12.1892, konsequent beibehalten. Allerdings nahm die Beschreibung des Wetters einzelner Tage zumindest in gewissen Zeitabschnitten erheblich zu.

Abschließend ist die Tatsache hervorzuheben, daß sich die Leitmeritzer Stadtdechanten vom 23.1.1823 an auch eines offenbar im Schatten oder der Nordwand eines Gebäudes angebrachten Thermometers unbekannter Herkunft mit einer Skalenteilung in °R bedienten. So hieß es z.B.: 1826, Jänner. Es war durchwegs kalt. Selbst zu Mittag stand das Thermometer, die ersten 3 Tage ausgenommen, mehrere Grade unter Null, am 22. früh war die größte Kälte $-14,8°$.

Literatur: (26), (31), (32), (33), (34), (35), (53).

2.3 Witterungsbeobachtungen von 1481–1489 in Wien.

Beobachter: HANNS (JOHANNES) TICHTL.

Im 3. Kapitel seiner bedeutungsvollen Arbeit (68) hat G. WACHA vermerkt: „In HELLMANNs, Verzeichnis der meteorologischen Beobachtungsreihen des XV., XVI. und XVII. Jahrhunderts' – einer wertvollen Zusammenstellung mit wichtigen Hinweisen, die aber in manchen Punkten schwierige Rätsel zu Lösen aufgibt – könnten die Notizen des Greiner Arztes JOHANNES TICHTL eine hervorragende Stellung einnehmen, gehören sie doch – von 1481 bis 1489 reichend – zu den ersten am Kontinent. Es handelt sich dabei allerdings nur um gelegentliche Beobachtungen, um extreme Fälle oder um Ereignisse, die TICHTL selbst, der Häuser, Gärten und Weinberge besaß, betrafen."

Einem unvoreingenommenen Leser können bzw. müssen diese Auslassungen insinuieren, daß der HANNS TICHTL die zur Diskussion stehenden Witterungsbeobachtungen von 1481–1489 selbstverständlich in Grein ausführte, dem Ort bei der berüchtigten Stromschnelle des Greiner Strudels, der 1209 erstmals erwähnt wurde.

Die konsequente Beachtung der Maxime des Verfassers, den Lebensläufen der jeweiligen meteorologischen Beobachter, falls möglich, die gebührende Aufmerksamkeit zu widmen, um daraus gegebenenfalls sonst unbekannte Fakten zu ermitteln, wurde u.a. auch im vorliegenden Fall gerechtfertigt. Es ergab sich, daß die Witterungsaufzeichnungen TICHTLs von 1481–1489 keinesfalls in Grein vorgenommen sein können.

Da der etwa um 1447 geborene TICHTL in seinem Tagebuch Oberösterreich als sein Vaterland bezeichnet hat, ist nicht auszuschließen, daß diese Bemerkung auf Grein gemünzt war. Sicher ist, daß er nach dem Studium der Medizin an nicht bekannten Universitäten – wie aus nachträglich aufgefundenen Bruchstücken von Aufzeichnungen hervorgeht – seit dem Jahre 1472 wahrscheinlich in Grein eine ärztliche Praxis ausgeübt hat. Die erwähnten Häuser, Gärten und Weingärten TICHTLs dürften sich mithin auf diesen Marktort beziehen und verdeutlichen, daß er zweifellos einer recht vermögenden Familie entstammte.

Zum Jahre 1482 notierte TICHTL in seinem Tagebuch, daß hiermit das sechste Jahr seines medizinischen Doctorates schließe. Zum gleichen Jahr berichtete er aber ergänzend: „Den 22. Februar 1482, 7 Uhr Abends leistete ich in der Wiener Hofburg dem unüberwindlichen Kaiser FRIEDRICH, Herzog von Österreich, den Eid als Professor des medizinischen Studiums. Dies Lehramt legte meinethalben in die Hände des Kaisers zurück der ehrwürdige und wackere Mann Meister KRISTOF KCHREIZER, mein Vater, Lehrer und Leiter vor Allen . . ." Dann beschrieb TICHTL ausführlich die Eidesleistung und fügte ausdrücklich hinzu, daß die sämtlichen Doctoren der Fakultät ihre Zustimmung schriftlich abgaben.

Wenn also, wie HANNS TICHTL hervorhob, alle Doktoren der medizinischen Fakultät der Universität Wien am 22.2.1482 für ihn votierten, setzt diese Tatsache voraus, daß er in Wien bekannt war und seine ärztlichen Qualitäten uneingeschränkt anerkannt wurden. Er muß daher, vermutlich schon seit dem Jahre 1477 in Wien als Arzt praktiziert haben, nachdem er bereits seit 1474 in Grein als Mediziner gewirkt hatte.

Über den Rahmen der Lebensverhältnisse TICHTLs liefert das Wiener Grundbuch einen wertvollen Beitrag, denn es heißt dort unter dem 3. Februar 1483, „daß Meister HANNS TICHTL, lerer der Erzeney und Margreth, sein Hausfrou, Nutz und Gewehre" eines Stadthauses erwarben. Mit diesen Angaben finden die angedeuteten Vermögensverhältnisse TICHTLs eine klare Bestätigung.

In dem erwähnten Tage- und Vermerkbuch, in welchem TICHTL die Einnahmen aus seiner medizinischen Praxis, persönliche Angelegenheiten und Zeitereignisse völlig regellos durch- und nebeneinander eingetragen hat, befinden sich eingestreut auch die meteorologischen Beobachtungen aus der Zeit von 1481–1489. Sie sind in der Tabelle 7 in der von G. WACHA zitierten Form angegeben:

Tabelle 7:
Witterungsaufzeichnungen HANNS TICHTLs von 1481–1489 aus Wien nach Angaben aus seinem Tagebuch von 1477–1494.

Wien, 1481, 12. 3.: . . . viel Schnee.

1483, 15. 8.: . . . ansehnlicher Frost.

1484, 1. 10.:		... Weinstöcke durch Reif vernichtet.
	11. 10.:	... erster Schnee, große Kälte.
	25. 11.:	... die Donau zugefroren.
	20. 12.:	... das Eis auf der Donau löst sich.
1485, 24. 10.:		... Hagel, aber auch der erste Schnee des Winters, der Schnee in dieser Nacht beschädigt die Weiden und drückt die Bäume in TICHTLs Garten nieder.
1486, Jahresbeginn:		... große Kälte.
	10. 1.:	... dies gruppt (Graupen, Hagel), ventus, nubes, Aqua clara.
1488, 11. 4.:		... kaltes und windiges Wetter beginnt.
1489, 28. 11.:		... große Überschwemmung der Donau. (Wohl zu der Nachricht der Melker Annalen von 1490 gehörig: „Hoc anno Danubius evagans suos et narracio antiquorum hoc protulit, quod in 56 annis preteritis talis inundacio Danubi non extixerat." Monumenta Germaniae, Scriptores 9, p. 525)

Es ist bekannt, daß neben offiziellen Dokumenten erhalten gebliebene Manuskripte wie das Tagebuch des Mediziners JOHANNES TICHTL bedeutsame Einblicke sowohl in die Orts- und Landesgeschichte, als auch in das kultur- und wirtschaftspolitische Leben jener Zeit gestatten. Aus dieser Erkenntnis wurde TICHTLs Tagebuch schon 1855 von TH. G. KARAJAN als eine wesentliche Quelle zur Geschichte einer der bewegtesten Epochen Niederösterreichs publiziert, der Zeit nämlich, in der es König MATTHIAS I. CORVINUS von Ungarn (1440–1490) im Jahre 1485 gelang, außer der Steiermark auch Kärnten, Krain und Niederösterreich zu erobern, in Wien Hof zu halten und endlich Wiener-Neustadt ebenfalls zur Kapitulation zu zwingen.

JOHANNES TICHTL hat diese Ereignisse stets mit „patriotischem Schmerz" beklagt. Als nach dem plötzlichem Tode des ungarischen Königs im Jahre 1490 Wien und die österreichischen Kernlande von dem deutschen König MAXIMILIAN I. (1459–1519) zurückgewonnen werden konnten, feierte er die Befreiung mit Enthusiasmus und wurde nicht müde, den Namen MAXIMILIAN zu loben und zu preisen. Wenngleich es MAXIMILIAN I. trotz der Eroberung Westungarns nicht gelang, die habsburgischen Erbansprüche auf die Krone Ungarns durchzusetzen, konnte er mit dem 1491 geschlossenen Preßburger Vertrag die Anwartschaft Habsburgs auf die in Personalunion verbundenen Kronen von Ungarn und Böhmen erneuern und damit die dynastische Politik seines Vaters KAISER FRIEDRICH III. fortsetzen, der schon 1463 mit MATTHIAS I. CORVINUS eine Erbeinung geschlossen hatte.

JOHANNES TICHTLs zeitgenössische Notizen schließen 1493 mit der Angabe, daß MAXIMILIAN I. am 12. Oktober 1493 von Wien gegen die Türken aufgebrochen sei. Das Tagebuch bricht ab mit dem letzten Eintrag vom Februar des Jahres 1494. Vermutlich besteht aber kein Zusammenhang mit einem möglichen Ableben TICHTLs, da Grund zu der Annahme besteht, daß dieser noch längere Zeit lebte und wirkte, wenngleich sein Todesjahr unbekannt geblieben ist. An dem geistigen Leben der von König MAXIMILIAN I. konsequent geförderten Universität Wien hat TICHTL regen Anteil genommen.

Wegen seiner besonders engen Beziehungen zu KONRAD CELTIS wird verständlich, daß er zu den eifrigsten Mitgliedern der von diesem gegründeten gelehrten Gesellschaft, der Donaugesellschaft – Literaria sodalitas Danubiana – gehörte, einer von jeglichen Bindungen an die Universität Wien freien Vereinigung zur Pflege des Humanismus. Zu den wenigen Mitgliedern, die Professoren waren, zählte auch JOHANNES TICHTL.

Literatur: (1b), (24), (30), (45), (64), (68).

2.4 Witterungsbeobachtungen von 1502–1525 in Wien, Nieder- und Oberösterreich.

Beobachter: JOHANNES CUSPINIAN.

Auf eine Folge gelegentlicher Witterungsaufzeichnungen, die in dem Zeitraum von 1502–1525 wahrscheinlich vorwiegend in Wien ausgeführt wurde, hat G. HELLMANN hingewiesen und dazu vermerkt, daß sie sich in einem Exemplar des STOEFFLERschen „Almanach nova, Ulm 1499" befindet, der im Besitz der Universitäts-Bibliothek Wien ist. Den Namen des Verfassers dieser meteorologischen Beobachtungen hat G. HELLMANN nicht gekannt.

Hierzu gab G. WACHA ergänzend an, daß es sich um das Tagebuch des Humanisten JOHANNES CUSPINIAN handelt, in dem sich etwa 17 eingestreute Wetterbeobachtungen aus der Zeit von 1502–1525 befinden. Wie viele andere Zeitgenossen hat CUSPINIAN einen STOEFFLERschen „Almanach nova" verwendet, der sich wegen des darin befindlichen breiten Randes besonders gut für Tagebucheintragungen jeder Art eignete. Zu der Art und dem Charakter der fraglichen Witterungsvermerke erläuterte G. WACHA, daß sie kaum ausführlicher seien als die entsprechenden Angaben des Wiener Mediziners JOHANNES TICHTL von 1481–1489.

Der Autor der erwähnten gelegentlichen Witterungsaufzeichnungen von 1502–1525, der ab 1492 den latinisierten Namen „JOHANNES CUSPINIAN" führte, wurde Ende Dezember 1473 als Sohn des späteren Bürgermeisters HANS SPIESSHAYMER der Reichsstadt Schweinfurt geboren. Nach dem Besuch der Lateinschule seiner Vaterstadt nahm er seine humanistischen Studien im Sommersemester 1490 in Leipzig auf, wirkte 1491 und 1492 als Gehilfe an der Würzburger Domschule und reiste im Herbst 1492 nach Wien. Hier richtete er als „miles Phoebi novus" unter seinem latinisierten Namen ein Begrüßungscarmen an den Kaiserlichen Rat FUCHSMAGEN und wurde am 7.12.1493 wegen der glänzenden Eloquenz seiner Rede bei der Leichenfeier für den am 19.8.1493 in Linz verstorbenen Kaiser FRIEDRICH III. von MAXIMILIAN I. mit dem Dichterlorbeer ausgezeichnet.

Im Wintersemester 1494/95 an der Universität Wien immatrikuliert, erbat JOHANNES CUSPINIAN bereits 1494 von der Artistenfakultät die „venia legendi", flüchtete dann im April 1495 wegen der in Wien grassierenden Pest nach Ybbs an der Donau und unternahm von dort eine Reise nach Süddeutschland, auf der er u. a. in enge Beziehungen zu dem Heidelberger Humanistenkreis und dem berühmten vielseitigen Gelehrten JOHANN TRITHEMIUS trat, der am 13.12.1516 als Abt zu St. Jakob in Würzburg starb.

Ende April 1496 kehrte CUSPINIAN nach Wien zurück und wirkte an der Universität als „lector ordinarius artis oratoriae", mußte diese Professur jedoch 1497 KONRAD CELTIS überlassen, dessen Berufung nach Wien er lebhaft unterstützt hatte. Der hohen Wertschätzung, der sich CUSPINIAN, der 1499 zum „doctor medizinae" promovierte, verdankte, erfreute sich seine am 13. Oktober 1500 erfolgte Wahl zum Rektor der Universität Wien. Ferner bekleidete er in den Jahren 1501, 1502, 1506 und 1511 das Amt des Dekans der medizinischen Fakultät. Endlich übte er bis zu seinem Tode im Jahre 1529 die ihm 1501 übertragene Funktion des landesfürstlichen Superintendenten der Universität aus.

Um Neujahr 1502 schloß CUSPINIAN seine erste Ehe mit der aus Feldkirch in Vorarlberg stammenden Anna Putsch (1484–1513), einer Tochter des kaiserlichen Bediensteten Ulrich Putsch (†1521). Aus der sehr harmonischen Ehe gingen 3 Söhne und 4 Töchter hervor.

Eine abermalige Pestepidemie in Wien veranlaßte CUSPINIAN am 2.8.1506 mit seiner Familie nach Gmunden in Oberösterreich zu fliehen. Dort traf er mit MAXIMILIAN I. zusammen und begleitete ihn nach Innsbruck. Das ausgesprochene Vertrauensverhältnis, welches der spätere Kaiser dem Gelehrten entgegenbrachte, entwickelte sich bereits in dieser Zeit. Nach dem Tode des berühmten KONRAD CELTIS am 4.2.1508 trat JOHANNES CUSPINIAN dessen Nachfolgerschaft an und galt als der unbestrittene Führer der Wiener Humanisten.

Die akademische Lehrtätigkeit CUSPINIANs und sein Wirken als Arzt fanden indessen ein Ende, als Kaiser MAXIMILIAN I., der seine Bedeutung und Fähigkeiten klar erkannt hatte, ihn im Sommer 1510 zum kaiserlichen „Orator" ernannte und nahezu ausschließlich mit diplomatischen Missionen und politischen Aufgaben vor allem in Ungarn, Böhmen und Polen betraute. Als Höhepunkt seines diplomatischen Geschickes gelang es CUSPINIAN, der für seine Verdienste schon 1512 mit der Ernennung zum kaiserlichen Rat und am 12.1.1515 mit der Bestallung zum Wiener Stadtanwalt belohnt wurde, die denkwürdige Monarchenzusammenkunft Kaiser MAXIMILIANS I. und des Königs von Ungarn und Böhmen WLADISLAW II. vom Juli 1515 herbeizuführen und dann das Projekt der im Wiener Stephansdom vollzogenen Doppelhochzeit der kaiserlichen Enkel FERDINAND und MARIA mit den Königskindern ANNA und LUDWIG II. zu realisieren. Bekanntlich bedeutete dieses welthistorische Ereignis die Geburtsstunde der späteren Habsburgischen Doppelmonarchie.

Nach dem schmerzlichen Verlust seiner Gattin Anna am 18.9.1513 heiratete CUSPINIAN, der für seine Kinder einer Mutter bedurfte, am 25.1.1514 in Wien die Tochter Agnes des wohlhabenden Bürgermeisters Hippolyt Stainer aus Wiener-Neustadt. Durch diese Heirat wurde es dem selbst nicht unvermögenden CUSPINIAN möglich, sein Haus in der Singerstraße erheblich zu vergrößern, mit einer Hauskapelle auszustatten und seine Privatbibliothek auf einen stattlichen Umfang zu erweitern. Nach dem Tode seines Schwiegervaters übernahm er im März 1521 auch den Lehenshof für St. Ulrich in Wien.

Auf seinen zahlreichen diplomatischen Reisen bemühte sich CUSPINIAN, der mit einer großen Zahl auswärtiger Humanisten in regem Briefwechsel stand, unablässig und mit großer Energie, bisher unbekannte Handschriften antiker und mittelalterlicher Autoren insbesondere in alten Klöstern und Archiven ausfindig zu machen und der Wissenschaft durch Druck zur Verfügung zu stellen. Darüber hinaus erschloß er noch eine Fülle noch unbenutzter historischer Quellen wie Inschriften, Urkunden und Chroniken, die er unter Anlegung kritischer Maßstäbe in seinen geschichtlichen Werken erstmalig verwendete. Endlich war er bis zu seinem Lebensende mit der Redaktion seiner großen historischen Arbeiten beschäftigt.

Zu den bedeutendsten Werken JOHANNES CUSPINIANs gehört die im Winter 1527/28 begonnene „Austria", eine historisch-geographische Landeskunde von Niederösterreich, die mit einer von J. STABIUS und G. COLLIMITIUS entworfenen Karte von Oberösterreich ergänzt werden sollte. Das als Fragment überlieferte Werk wurde bei JOHANN OPORIN in Basel im Jahre 1553 gedruckt.

Der letzte Lebensabschnitt CUSPINIANs, dessen zweite Gemahlin Agnes am 25.1.1525 starb, als er in diplomatischer Mission bei König LUDWIG II. in Ofen weilte, war überschattet von Verlusten von Kindern und Freunden, von Krankheiten und der immer drohenden Türkengefahr. Zudem wurde er von schweren Vermögensverlusten betroffen, denn der furchtbare Wiener Großbrand, der in der Nacht vom 18./19.7.1525 ausbrach, vernichtete auch CUSPINIANs Häuser und fügte ihm einen Schaden in der für die damalige Zeit außerordentlichen Höhe von 6000 Gulden zu. Damit nicht genug, verwüstete drei Tage später ein schweres Unwetter mit Hagelschlägen seine umfangreichen Weingärten in Sievering und wenige Tage danach zog er sich bei einem Sturz den Bruch des linken Schienbeines zu.

Am 19.4.1529 erlag JOHANNES CUSPINIAN seinen schweren Leiden und fand im Dom zu St. Stephan in Wien seine letzte Ruhestätte. Sein Grabdenkmal ist dort noch bis heute erhalten.

Wie eingangs expliziert, hat CUSPINIAN seine gelegentlichen Witterungsbeobachtungen in seinem Tagebuch aufgezeichnet. Über das wechselvolle Schicksal dieses lange als verloren gegoltenen Original-Tagebuches, das aus einem Exemplar des STOEFFLERschen „Almanach nova von 1499–1530, Ulm 1499" und erst in neuerer Zeit beigefügten Teilen eines „Mischbandes" mit der ehemaligen Signatur „Astron. II 538" der alten Wiener Jesuitenbibliothek besteht, hat HANS ANKWICZ ausführlich berichtet und hinzugefügt, daß eine von dem Jesuiten und späteren Kustos der Wiener Hofbibliothek JOSEF BENEDIKT HEYRENBACH (†1779) wahrscheinlich in den 60er Jahren des 18. Jahrhunderts angefertigte einzige Abschrift bereits 1855 durch THEODOR VON KARAJAN veröffentlicht wurde. Die fragliche Abschrift befand sich unter der Signatur „Kodex Nr. 7417" im Besitz der Wiener Hofbibliothek. Auf die von H. ANKWICZ mitgeteilten Angaben der heutigen Beschaffenheit, Größe und den Blattzahlen des Original-Tagebuches CUSPINIANs, das heute unter der Signatur „I 138009" in der Universität-Bibliothek Wien bewahrt wird, braucht hier nicht eingegangen zu werden. Inhaltlich besteht es aus drei Teilen und zwar enthält es im Teil:

I (Fol. 1–53) astronomische Erläuterungen und Tabellen.

II (Fol. 54–502) – dem eigentlichen Kalender mit den Ephemeriden von 1499–1530 – die handschriftlichen historischen, biographischen und kulturgeschichtlichen Notizen CUSPINIANs mit zusätzlichen Aufzeichnungen astronomischer Phänomene, Witterungserscheinungen sowie Krankheiten, Träume etc. in lateinischer Sprache.

III (Fol. 503–520) Die Ephemeriden des Jahres 1531 mit Ergänzungen und Korrekturen zu dem vorausgehenden Kalender.

Wie eingehende Untersuchungen ergaben, zeichnen sich die am 10.6.1501 beginnenden Aufzeichnungen CUSPINIANs durch einen hohen Grad an Zuverlässigkeit aus. Lediglich bei Berichten von Ereignissen außerhalb Österreichs sind Unrichtigkeiten, bedingt durch nicht zuverlässige Gewährsleute, nachweisbar. Außer der Handschrift CUSPINIANs, der den Almanach nova vermutlich im Frühjahr 1501 erwarb, befinden sich in dem Tagebuch Einträge vier anderer Hände, darunter seiner ersten Gattin Anna in deutscher Sprache und seines Bruders Niklas, der in seinem Hause wohnte. Die Lesbarkeit der CUSPINIANschen Texte wird nicht eben selten durch seine Schreibweise erschwert.

Durch die Wiederauffindung des Original-Tagebuches JOHANNES CUSPINIANs verliert die o.a. Abschrift J. B. HEYRENBACHs begreiflicherweise erheblich an Bedeutung, zumal vor allem die für die vorliegende Arbeit entscheidend wichtigen Aufzeichnungen meteorologischer und astronomischer Geschehnisse in der Abschrift unberücksichtigt blieben.

In der Tabelle 8 sind die Witterungsvermerke JOHANNES CUSPINIANs aus der Originalhandschrift für den Zeitraum vom 25.1.1502 bis zu dem Großbrand in Wien vom 18./19.7.1525 zusammengestellt:

Tabelle 8:
JOHANNES CUSPINIANs Witterungsaufzeichnungen von 1502–1525 aus seinem im Jahre 1909 durch H. ANKWICZ veröffentlichten Tagebuch.

1502, 25. 1.: (F.97) Mane parva nebula, postea clarissima, deinde post meridiem tota nebulosissima.

8. 6.: (F.102) Hoc die tanta est tempestas orta in Ungaria, quod multi homines in domibus mersi pluvia, pecudes omnis generis in campo ixtincte fulmine, agri et vinee ita depopulate, ut nosci facies nequeat, ita vites penitus excise, lapides mire magnitudinis lapsi.

1503, 8. 3.: (F.113) Hucusque fuit maxima nix durans cum frigore usque ad (8. März), licet tota hieme magna fuerit.
– Der Eintrag beginnt beim 5. März, doch stehen die Worte „usque ad" beim 8. März, so daß wohl die ganze Notiz unter dieses Datum gehört. –

1503, 25. 5.: (F.115) Schaut auff daz Wetter.
Darunter ist eine Hand gezeichnet, welche mit ausgestrecktem Zeigefinger auf dieses Datum zeigt.

22. 10.: (F.116) Imber ingens, qui replevit omnes vicos et plateas Viennenses, maximus omnium, qui im memoria hominum fuerunt.

1504, 22. 6.: (F.130) Pluvia maxima.

1505, 4. 2.: (F.140) In periculo vite constitus cum Domine Steber (Bartholomäus Staber oder Stäber) in pravo itinere de Znoym (Znaim/Mähren) ratione maximi turbinis et nivis et frigoris.

1506, 25. 1.: (F.153) Pluvia et venti.

29. 6.: (F.158) Grando maximus.

1509, 18. 8.: (F.203) Hac nocte incendium ingens Vienne ortum a media nocte in horam dici sextam duravit cum maximo vento, quo absumte sunt domus 100 pene, exellentes et magnifice extructe maximo incolarum damne. Et in testudine una novem homines, vacce due et galline XV fumo strangulati sunt.

1510: Federzeichnung, eine Nebensonnenerscheinung darstellend. Beigeschrieben die Worte: Halones, Iris und Parelii.

1511, 26. 3.: (F.225) Ein erdbyden 3, 4 tag.
Eintrag vermutlich von der Hand Anna Cuspinians.

7. 10.: (F.233) terre motus.
In der Handschrift durchstrichen.

1513, 21. 12.: (F.263) Maximus ventus duravit per duos dies et duas noctes.

1514, 13. 4.: (F.268) Veni Budam. Primum tonitru.

1516: Totus ille annus fuit fertilissimus et sanissimus ac temperatus, copia ingens vini et omnium frufum. Laus deo.

1518, 19. 12.: (F.332) Validissimus ventus per biduum.

1520, 2. 1.: (F.350) Vidimus iridem (Mondregenbogen) pulchram circa ☽, trabem CCC pedum circiter supra ecclesiam S. Stephani.

6. 1.: (F.350) Pridie circa ☉ parelias multas, tres soles; de nocte iridem circa ☽ et per medium + orthogonalem.
Ein aufrecht stehendes Kreuz, wie es beim Phänomen der Nebensonnen häufig vorkommt.

2. 3.: (F.352) Tres iterum visi mane in orto circa octavam magni splendoris.

22. 4.: (F.353) Pruina et nix destruxerunt vineta in montibus et in plano.

23. 7.: (F.356) Asendente Scorpione.
18. 8.: (F.356) Pluvie continue per sex dies ingentes.
1521, 8.10.: (F.373) Tonitru grave et crudelis tempestas.
1523, 29.11.: (F.402) Terre motus cum tonitru et fulmine.
1525: Totus annus horrendus, crudelis, devus ac truculentus ex tumulta rusticorum, qui cesi, combusti et misere trucidati sunt. Fulminis ira vineta destruxit, incendium urbem Viennam depopulavit. Charitas et omnium rerum penuria. Pauci viri boni evaserunt hunc annum, qui non sint lesi in fama vel honore vel corpore (vel) temporalibus bonis.
Ego omnes incommoditates bonorum: fractione cruris, incendio, fulmine, falsis calumniis sum misere hoc anno exceptus; deus sit bebedictus et refundat sua clemencia, ut cognoscam verum deum.
Am dritten Tag nach dem Brande, am 21.7.1525, wurden durch Hagelwetter und Blitzschlag CUSPINIANs Weingärten in Sievering fast gänzlich zerstört.
Vgl. einen Brief CUSPINIANs an PIRCKHEIMER vom 25.11.1525, gedruckt bei Goldast, Opera Pirckheimeri, Frankfurt a.M. 1610, p. 252 ff, in dem er berichtet, daß er 8 Tage nach dem Brande Wiens vom 18.7.1525 einen Bruch des linken Schienbeins erlitt.

Wenngleich JOHANNES CUSPINIAN in seinem Tagebuch auch nur die gelegentlichen, in der Tabelle 8 mitgeteilten Witterungsbeobachtungen aus dem Zeitraum von 1502-1525 hinterlassen hat, kommt diesem Material als Ergänzung und Komplettierung anderer überlieferter meteorologischer Aufzeichnungen aus dem ersten Drittel des 16. Jahrhunderts eine keinesfalls zu unterschätzende Bedeutung für die Geschichte der Meteorologie in Österreich zu.

Dennoch muß der spezielle Wert CUSPINIANs Tagebuch in den darin enthaltenen Angaben zur Wiener Zeit- und Universitätsgeschichte gesehen werden. Wie hoch diese Beiträge eingeschätzt wurden, geht daraus hervor, daß das Tagebuch – abgesehen von der nicht ganz vollständigen Abschrift J. B. HEYRENBACHs und deren Veröffentlichung durch TH. V. KARAJAN im Jahre 1855 – vollständig mit Kommentaren schon 1909 von HANS ANKWICZ in Wien publiziert wurde.

Offenbar ist die ANKWICZ'sche Arbeit aber wenig bekannt geworden, denn G. WACHA bemerkte hierzu: „Auch NORBERT WANIEK, der sich in seiner Dissertation (72) mit diesem Almanach abmühte, ist die Edition nicht bekannt geworden."

Literatur: (1a), (2), (3), (24), (45), (54b), (67), (68), (72).

2.5 Witterungsbeobachtungen von 1508–1531 in Wien.

Beobachter: Ein unbekannter „geistlicher Professor".

Auf eine bemerkenswerte meteorologische Beobachtungsreihe, die auf einen namentlich nicht bekannten Wiener „geistlichen Professor" zurückgeht, hat G. HELLMANN hingewiesen und ausdrücklich betont, daß es sich um „ziemlich regelmäßige Wetter-Eintragungen aus dem Zeitraum von 1508-1531 handelt, die sich in einem STOEFFLERschen „Almanach nova, Venet. 1507" befinden, der noch um 1901 im Besitz der Stiftsbibliothek der Benediktinerabtei St. Paul im Lavanttal in Kärnten befunden haben soll.

Nicht nur aus der Tatsache, daß der unbekannte Wiener Gelehrte über ein Exemplar des kostspieligen STOEFFLERschen „Almanach nova, Venet. 1507" verfügte, sondern vor allem aus der langen Dauer seiner Witterungsaufzeichnungen darf geschlossen werden, daß die Astronomie, wahrscheinlich aber die Astrometeorologie zu seinen speziellen Interessensgebieten gehörte. Da G. HELLMANN in seinen Veröffentlichungen keine Beobachtungsbeispiele mitgeteilt hat, dürfte er den fraglichen Band der Bibliothek des Benediktinerklosters St. Paul nicht selbst eingesehen haben.

Der Hinweis, daß es sich hinsichtlich des Verfassers der „ziemlich regelmäßigen" Witterungsbeobachtungen von 1508-1531 um einen „geistlichen Professor" handelt, eröffnet natürlich vielfältige Deutungsmöglichkeiten, da er sowohl in einem der bedeutenden Wiener Klöster, als auch an der im Jahre 1365 gegründeten Universität Wien tätig gewesen sein kann. Nicht auszuschließen ist endlich die Ausübung wissenschaftlicher Funktionen innerhalb des unter Kaiser FRIEDRICH III. (1415-1493) im Jahre 1469 neu errichteten Bistums Wien, oder aber, da das Wiener Umland bis 1728 den Bischöfen von Passau unterstand, in deren Offiziat in „Maria am Gestade", einem im 14.-15. Jahrhundert in Wien auf römischen Grundmauern aufgeführten gotischen Bauwerk.

Sicher ist jedenfalls, daß der unbekannte Autor der Witterungsaufzeichnungen von 1508-1531 in der Epoche wirkte, als die von Kaiser MAXIMILIAN I. (1459-1519) geförderte und neu organisierte Universität Wien etwa von der Wende des 15. zum 16. Jahrhundert an die zweite große Blütezeit erlebte. Die besondere Pflege von Kunst, Literatur und Musik sowie die Förderung von Mathematik und Astronomie prägten das Bild und den Charakter einer vom Humanismus und der Renaissance der Naturwissenschaften bestimmten, in neuzeitliche Vorstellungen überleitenden Hochschule.

In dieser geistigen Atmosphäre wurzelten zweifellos die Motive, die den unbekannten Wiener „geistlichen Professor" veranlaßten, in der langen Zeitspanne von 1508 bis 1531 seine „ziemlich regelmäßigen" Witterungsaufzeichnungen durchzuführen. Wenngleich sich nicht eindeutig ermitteln läßt, welchen Zwecken das umfangreiche meteorologische Material dienen sollte, liegt doch die Vermutung nahe, daß mit ihm astrologisch vorausberechnete und in Kalendern oder Prognostiken publizierte, jeweils für ein Jahr gültige Witterungsvorhersagen kritisch geprüft werden sollten bzw. wurden. Der hohe Grad der Wertschätzung derartiger Kalendarien in der damals noch überwiegend agrarisch bestimmten Volkswirtschaft spiegelt sich in der ständig wachsenden Zahl der Ausgaben und Auflageziffern, die gegen Ende des 16. Jahrhunderts ihren Höhepunkt erreichte.

Die unzweifelhafte Bedeutung der fraglichen meteorologischen Beobachtungsreihe von 1508–1531 nicht nur für Österreich allein, veranlaßte G. WACHA, dem Verbleib des STOEFFLERschen „Almanach nova, Venet. 1507" nachzugehen, in dem sich die gesuchten Wetterbeobachtungen befinden sollen. Nach mehrfachen Anfragen bei der Stiftsbibliothek St. Paul in Kärnten erhielt er endlich den Bescheid, daß der gesuchte Band „nicht mehr greifbar sei". Wie immer auch die etwas verschwommene Auskunft interpretiert werden muß, fest steht, daß die „ziemlich regelmäßigen Witterungsnotierungen des unbekannten Wiener geistlichen Professors von 1508–1531" als endgültig verloren gelten müssen.

Als Erklärung der naheliegenden Frage, wie das Exemplar des STOEFFLERschen „Almanach nova, Venet. 1507" mit den Wiener Witterungsaufzeichnungen von 1508-1531 in den Besitz des weit entfernten Benediktinerstiftes St. Paul in Kärnten gelangen konnte, bietet sich die Vermutung an, daß der mehrfach erwähnte Eigentümer und Autor der Wetterbeobachtungen selbst aus Kärnten stammte, dem Benediktinerorden angehörte und seinen wissenschaftlichen Nachlaß einem Heimatkloster seiner Kongregation vermachte.

Wird ferner die Geschichte des von dem Grafen ENGELBERT I. von Spanheim (†1096) gegründeten und im Jahre 1091 mit Benediktinermönchen aus der Reichsabtei Hirsau in Schwaben besetzten Klosters St. Paul in Kärnten hinsichtlich der Existenz des STOEFFLERschen „Almanach nova, Venet. 1507" mit den Wiener Witterungsaufzeichnungen von 1508-1531 in der Klosterbibliothek berücksichtigt, ergeben sich bemerkenswerte Aspekte. Nach wechselvollen Geschehnissen wurde nämlich das Benediktinerstift St. Paul im Jahre 1787 von Kaiser JOSEPH II. (1741-1790) aufgehoben. Bei dieser Gelegenheit ging die Mehrzahl der in der Stiftsbibliothek vorhandenen Handschriften, Urkunden, Druckwerke etc. entweder verloren oder gelangte in fremde Hände.

Die Aufhebung des Stiftes St. Paul in Kärnten dauerte allerdings nur wenige Jahrzehnte, denn Kaiser FRANZ II. (1768-1835) übergab bereits 1809 Kloster und Herrschaft St. Paul an aus dem Reichskloster St. Blasien im Schwarzwald berufene Benediktiner, die unter Fürstabt ROTTLER (†1826) reiche Bestände an Frühdrucken, Inkunabeln und Handschriften aus ihrem Heimatkloster mitbrachten. Es besteht also durchaus die Möglichkeit, daß der STOEFFLERsche „Almanach nova, Venet. 1507" mit den Wiener Witterungsnotierungen von 1508-1531 eines „geistlichen Professors" nach dem Jahre 1809 zurück nach St. Paul kam. Auf welch verschlungenen Wegen das geschehen konnte und wie es endlich zu dem unwiderruflichen Verlust kam, bleibt jedoch ein unlösbares Problem.

Literatur: (24), (26), (28), (45), (67), (68).

2.6 Witterungsbeobachtungen von 1512–1528 in Preßburg/Ungarn.

Beobachter: CHRISTOPHORUS HÜFFTENUS.

In seinen „Neudrucken Nr. 13, Berlin 1901" hat G. HELLMANN auf frühe Witterungsaufzeichnungen hingewiesen, die sich in einem Exemplar von STOEFFLERS „Almanach nova, Venet. 1504" befinden, welches in der Bibliothek des Benediktinerstiftes Admont in der Steiermark unter der Signatur „73/295a" geführt wird.

Von dem Erzbischof GEBHARD von Salzburg erbaut und im Jahre 1074 eingeweiht, erlebte das Stift unter dem Abt HEINRICH II. (1275-1297) seine erste Blütezeit. Sein Nachfolger, der gelehrte Abt ENGELBERT (1297-1327) schuf anschließend die Grundlage für die führende Stellung des Stiftes Admont auf kulturellem Gebiet und widmete sich intensiv dem Ausbau der Bibliothek.

Eine Periode des Niederganges begann unter dem Abt ANTON DEI GRATIA (1483-1491), einem italienischen Günstling Kaiser FRIEDRICHs III. (1415-1493). Die Mißstände setzten sich bedauerlicherweise auch unter Abt CHRISTOPH RAUBER (1508-1536) fort, der dem Kloster von Kaiser MAXIMILIAN I. (1459-1519) aufgezwungen worden war. In der Regierungszeit Abt RAUBERs fiel der Bauernkrieg von 1525, in dem das Stift Admont geplündert wurde. Wie im ganzen Lande fand die sich ausbreitende evangelische Lehre auch Anhang im Kloster, zumal der Abt VALENTIN ABEL (1545-1568) mit ihr sympathisierte.

Unter Abt JOHANN IV. HOFFMANN (1581-1614) trat endlich eine Wende ein. Es wurde nicht nur der Protestantismus energisch unterdrückt, sondern auch das Wirtschaftsleben des Stiftes gründlich saniert und das klösterliche Leben gefördert. In dem heute noch erhaltenen Komplex der Stiftsgebäude befindet sich u. a. die berühmte Stiftsbibliothek.

Verfasser der nur sporadisch ausgeführten Witterungsaufzeichnungen von 1512-1528, die in dem o. a. STOEFFLERschen „Almanach nova, Venet. 1504" der Stiftsbibliothek Admont enthalten sind, war der wahrscheinlich in Preßburg, der Residenz der Könige von Ungarn, wohnhafte und wirkende Magister CHRISTOPHORUS HÜFFTENUS, über dessen Lebensweg keine Angaben ermittelt werden konnten. Unter Berücksichtigung der Dauer seiner gelegentlichen Witterungseinträge in dem in seinem Besitz befindlichen STOEFFLERschen „Almanach nova, Venet. 1504" müßte seine Lebensdauer etwa in die Zeit von 1470-1530 anzusetzen sein.

Da wegen der nur relativ selten vorgenommenen Witterungsbeobachtungen des Magisters CHRISTOPHORUS HÜFFTENUS eine tabellarische Zusammenstellung des Materials nicht sinnvoll erscheint, wird in die vorliegende Arbeit als Beispiel nur eine Abbildung des Originaleintrages vom Dezember 1514 aufgenommen.

Hierzu ist allerdings zu bemerken, daß das Admonter Exemplar des STOEFFLERschen „Almanach nova, Venet. 1504, Signatur 73/295a" so fest gebunden ist, daß die mittleren Teile der Doppelseiten beim Fotokopieren oder der Anfertigung von Fotos nicht deutlich und scharf abgebildet werden können.

In der Abbildung 1 wurden daher die Mittelteile beider Seiten entfernt und die klar abgebildeten Randteile so aneinander gefügt, daß die Tagesdaten und die zugehörigen Witterungsaufzeichnungen des Magisters CHRISTOPHORUS HÜFFTENUS miteinander verbunden sind.

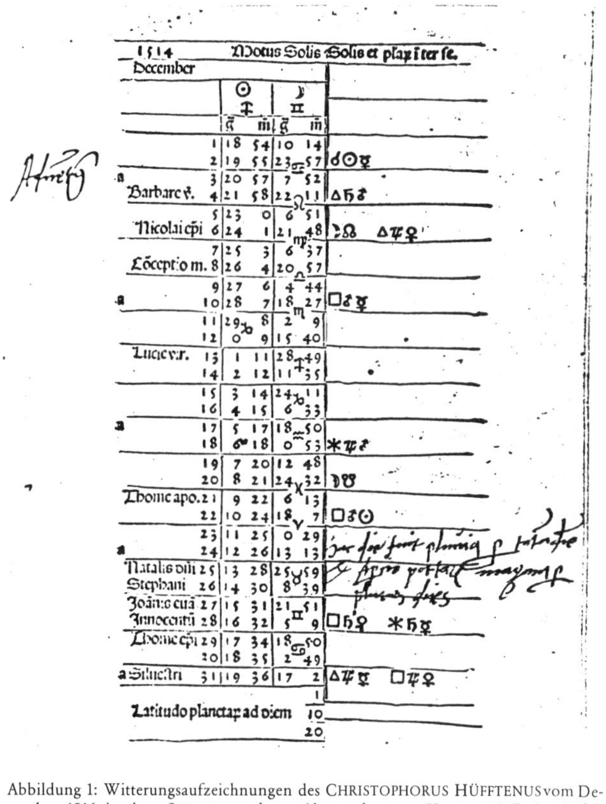

Abbildung 1: Witterungsaufzeichnungen des CHRISTOPHORUS HÜFFTENUS vom Dezember 1514 in dem STOEFFLERschen „Almanach nova, Venet. 1504" des Stiftes Admont, Sign. „73/295a".

Nach Angabe G. HELLMANNs lag nun in dem fraglichen STOEFFLERschen „Almanach nova, Venet. 1504, Signatur 73/295a" der Stiftsbibliothek Admont ein kleiner Zettel vom Format 10,5 x 9,0 cm, auf dem von einer unbekannten anderen Hand genaue Witterungsangaben von 13 Tagen an der Jahreswende 1527/28 notiert worden sind. Ganz offensichtlich handelt es sich um die mit dem 25. Dezember, d. h. dem Tage der Geburt Jesu Christi beginnenden 13 Lostage, die nach einer damals weit verbreiteten Ansicht recht zuverlässige Rückschlüsse auf den Witterungsverlauf des kommenden Jahres ermöglichen sollten.

Bedauerlicherweise hat G. HELLMANN nur die ersten drei Lostage veröffentlicht. Eine Vervollständigung war jedoch nicht möglich, da der erwähnte Zettel entsprechend einer Mitteilung des Leiters der Stiftsbibliothek Admont, P. Prior BRUNO HUBL, verloren gegangen ist. Eine Erklärung könnte sich durch die Auslagerung des Admonter STOEFFLERschen „Almanach nova, Venet. 1504" während des 2. Weltkrieges in die Steiermärkische Landesbibliothek Graz anbieten.

Hinsichtlich der Person des Autors der 13 Eintragungen auf dem heute nicht mehr verfügbaren kleinen Zettel existieren keinerlei Hinweise. Der unbekannte Verfasser, der vermutlich astrologischen Tendenzen nahestand, dürfte seinen Witterungsaufzeichnungen der 13 Lostage eine keinesfalls geringe Bedeutung beigemessen haben.

Die Einträge selbst begannen nach G. HELLMANN Anno 1527 wie folgt:

1527, 25. 12.: Dies natalis fuit pluuiosus, nebulosus et Aer tenebrosus.

26. 12.: Steffanij dies mane tenebrosa et pluuiosa, circa meridiem clarior, ad vesperam ... Humida.

27. 12.: Joannis festum mane nebula magna, post meridiem clarior.

Zu dem „Zettelproblem" gab G. HELLMANN den nachstehenden Kommentar: „Diese Wetternotierungen auf besonderem Blatt zeigen, daß man nicht bloß in Ephemeriden solche vermerkt hat. Vermuthlich sind manche derartige besondere Manuskripte von Wetteraufzeichnungen verloren gegangen bzw. vernichtet worden, weil sie in den Augen Vieler werthlos erschienen."

Andererseits vermerkte G. HELLMANN: „Wie selten die Eintragungen (in lateinischer Sprache) auf besonderen Papierbögen erfolgt sein müssen, geht daraus hervor, daß mir nur zwei solche Fälle bekannt geworden sind. Den einen habe ich oben angeführt, von dem anderen kann ich nur noch aus dem Gedächtniß berichten. Vor einigen Jahren kam auf einer Londoner Bücherauktion ein Manuskript (auf Papier geschrieben) vor, das Wetterbeobachtungen aus Bayern aus dem Ende des XV. Jahrhunderts enthielt. Leider habe ich aber das Ms. nicht für Deutschland retten können; es ging zu einem höheren Preise weg, als ich geboten hatte."

Literatur: (24), (25), (28).

2.7 Witterungsbeobachtungen von 1515 aus Wien.

Beobachter: PETRUS FRYLANDER (FREILAENDER).

In einem Exemplar des STOEFFLERschen „Almanach nova für die Jahre 1508-1531", welches seit 1600 im Besitz des Jesuitenkollegs zu Graz war, heute jedoch unter der Signatur „I 4084" in der Handschriften-Abteilung der dortigen Universitäts-Bibliothek geführt wird, befinden sich einige Aufzeichnungen Wiener Witterungsgeschehnisse aus dem Jahre 1515. Von weitaus größerer Bedeutung als dieses meteorologische Beobachtungsmaterial ist jedoch die Tatsache, daß der Autor, der Wiener Magister PETRUS FRYLANDER, erstmals einen regelrechten „Wetterschlüssel" entwickelt und in dem o. a. „Almanach nova" hinterlassen hat.

PETRUS FRYLANDER, vermutlich um 1485 geboren, stammte aus Wolfsberg im Ostteil Kärntens. Der Ort, im Jahre 1295 bereits als Stadt bezeichnet, wurde von Bischof WERNTHO von Bamberg (1328-1335) zum Verwaltungszentrum der bambergischen Besitzungen in Kärnten erhoben. Er gab Wolfsberg 1331 ein Stadtrecht, mit dem die volle Unterordnung der Stadt unter den Bischof festgeschrieben wurde. Wie u. a. aus dem Aufstand der Bürgerschaft im Jahre 1361 deutlich wird, nahm die ihre Entmachtung allerdings keineswegs widerspruchslos hin. Erst im Jahre 1759 ging der bambergische Besitz in Kärnten durch Kauf an den österreichischen Staat.

Über die Jugendjahre des PETRUS FRYLANDER liegen keine Angaben vor, doch steht fest, daß er eine Ausbildung erhielt, die ihm ein Universitätsstudium ermöglichte, denn im Sommer-Semester 1504 wurde er in die Matrikel der Universität Wien eingetragen, erwarb im Mai 1508 den akademischen Grad des Bakkalaureus und später auch die Magisterwürde.

Bekannt ist ferner, daß PETRUS FRYLANDER im Jahre 1515 auf dem Wiener Fürstentag anläßlich der Doppelhochzeit, die der altgewordene Kaiser MAXIMILIAN I. (1459-1519) zwischen seinem Enkel Ferdinand mit Anna, der Tocher des Königs WLADISLAW II. von Ungarn und Böhmen sowie seiner Enkelin Maria mit dem Sohn LUDWIG II. des ungarisch-böhmischen Königs vertraglich vereinbart hatte, eine Rede hielt. Aus dem Faktum, daß Magister FRYLANDER bei diesem Ereignis von höchster historischer Bedeutung, mit dem die Habsburger ihre Anwartschaft auf das luxemburgische Erbe in Ungarn und Böhmen untermauerten, als Festredner hervortreten konnte, geht hervor, daß er sowohl am Wiener Hof als auch der Universität eine gewisse Rolle gespielt haben muß. Nachweisbar ist seine 1522 erfolgte Aufnahme in die phil. Fakultät der Universität Wien und sein Wirken bis in das Ende der 20er Jahre.

Ende des Jahres 1531 verließ FRYLANDER Wien und begab sich an einen nicht genannten Ort, wo er eine Silbergrube besaß. In seinem o. a. STOEFFLERschen „Almanach nova" vermerkte er am 5.12.1531: „illa nocte audita sunt magna tonitrua et fulmen desierit meum arborem apud meam argenti fodinam". Wahrscheinlich lag der unbekannte Ort in FRYLANDERs Heimat Kärnten, wo damals bekanntlich ein bedeutender Bergbau auf Silber, Blei und Eisen betrieben wurde. Ob PETRUS FRYLANDER, wie vermutet werden kann, durch Erbgang in den Besitz der erwähnten Silbergrube gelangte, bleibt eine offene Frage. Jedenfalls liegen nach 1531 keine weiteren Mitteilungen oder Angaben über das Schicksal des Magisters PETRUS FRYLANDER vor.

Bei frühen vorinstrumentellen Witterungsaufzeichnungen läßt sich nicht selten feststellen, daß die Beobachter für bestimmte, meist häufig auftretende Wettererscheinungen Abkürzungen in den verschiedenartigsten Formen verwendeten. Den Anspruch, für meteorologische Beobachtungen jedoch erstmals ein regelrechtes System, also eine Art „Wetterschlüssel" konzipiert zu haben, bei dem Buchstaben und Buchstabenkombinationen sowie einige besondere Zeichen für exakt definierte Witterungserscheinungen angegeben sind, kann der Wiener Magister FRYLANDER für sich erheben.

Wie sehr die Intensionen des Magisters FRYLANDER seiner Zeit vorauseilten, geht daraus hervor, daß erst in den Instruktionen der im Oktober 1780 von dem Kurfürst von der Pfalz und Bayern KARL THEODOR (1724-1799) gegründeten und dem Hofkaplan und Direktor des Physikalischen Kabinets zu Mannheim JOHANN JAKOB HEMMER SJ (1733-1790) organisierten und geleiteten berühmten „Societas Meteorologica Palatina" die Verwendung heute noch gültiger symbolischer Zeichen für die Notierung der Hydrometeore und anderer Witterungserscheinungen verbindlich angeordnet wurde. In dem großartigen zwölfbändigen Werk der „Ephemerides Societatis Meteorologicae Palatinae" wurden bekanntlich die Beobachtungsergebnisse von insgesamt 39 Stationen, die sich von Nordamerika über Grönland bis Moskau und von Norwegen und Schweden bis Italien erstreckten, aus der Zeit von 1781-1792 in Mannheim in den Jahren 1783-1795 in extenso publiziert.

Die Abbildung 2 zeigt die Originalniederschrift des „Wetterschlüssels" PETRUS FRYLANDERs, die sich auf dem zweiten der drei seinen STOEFFLERschen „Almanach nova" vorgebundenen Blätter befindet.

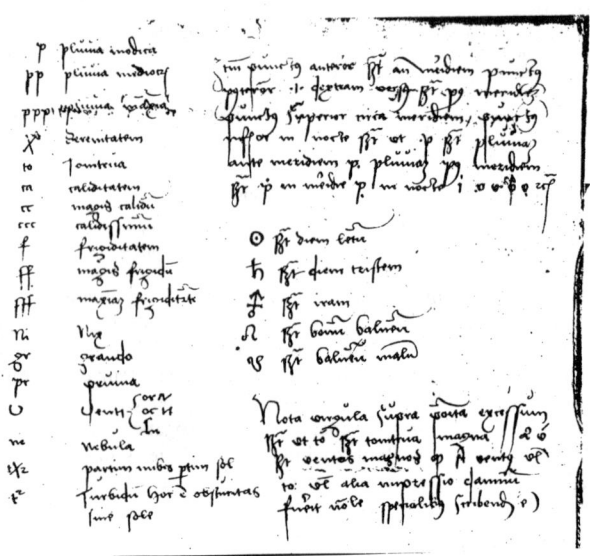

Abbildung 2: PETRUS FRYLANDERs „Wetterschlüssel" aus dem STOEFFLERschen „Almanach nova von 1508-1531" der Universitäts-Bibliothek Graz, Signatur I 4084.

Die Erarbeitung des vorstehend angegebenen Abkürzungssystems für die fraglichen Witterungselemente darf zweifellos als Beweis dafür gelten, daß sich der Magister PETRUS FRYLANDER intensiv mit Witterungsproblemen befaßt haben muß, wobei astrometeorologische Aspekte nicht ausgeschlossen werden können. Jedenfalls scheint die Zusammenstellung des „Wetterschlüssels" auf die Absicht der Durchführung einer eigenen längeren meteorologischen Beobachtungsreihe hinzudeuten, wobei die Aufzeichnungen durch die Verwendung der jeweiligen Symbole spürbar erleichtert werden sollten.

Eine praktische Nutzanwendung hat der fragliche »Wetterschlüssel" jedoch nicht gefunden, da der Magister FRYLANDER aus unbekannten Gründen auf die Ausführung regelmäßiger Wetterbeobachtungen und deren Niederschrift verzichtete. Auch in seinen handschriftlichen Aufzeichnungen, die sich vorwiegend auf historische Ereignisse beziehen, hat er von seinem „Wetterschlüssel" nur äußerst selten Gebrauch gemacht. Im Jahr 1515 hat er z. B. nur an drei unmittelbar beieinanderliegenden Stellen Verwendung gefunden.

Die erwähnten allgemeinen Witterungsangaben aus Wien für das Jahr 1515, die FRYLANDER auf der Rückseite des Titelblattes der Ephemeriden für dieses Jahr in lateinischer Sprache eingetragen hat, zeigt die folgende Abbildung 3:

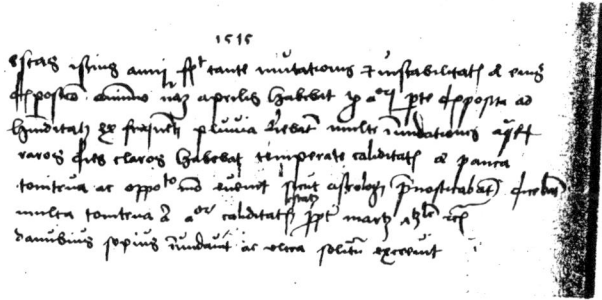

Abbildung 3: PETRUS FRYLANDERs Wiener Witterungsangaben für 1515 aus dem STOEFFLERschen „Almanach nova von 1508–1531" der Universitäts-Bibliothek Graz, Signatur I 4084.

Unabhängig von der Frage, welcher Stellenwert FRYLANDERs Entwicklung oder Erfindung einer Art „Wetterschlüssel" auch immer zukommen mag: fest steht, daß er erstmals für die Aufzeichnung von Wetterbeobachtungen eine Methode und ein System entwickelte, das in modifizierter Form heute in den meteorologischen Diensten mit Selbstverständlichkeit praktiziert wird.

Es erscheint mithin als eine Pflicht, den Namen PETRUS FRYLANDER in der Geschichte der Meteorologie nicht nur Österreichs vor der Vergessenheit zu bewahren.

Literatur: (3), (24), (26), (45), (68), (72).

2.8 Witterungsbeobachtungen von 1532–1643 im Machland/Oberösterreich.

Beobachter: Unbekannte „Einlagebereiter".

Im Oberösterreichischen Landesarchiv zu Linz befindet sich nach G. WACHA ein Zehentbuch des Herrschaftsbereiches Riedegg-Eferding aus dem Zeitabschnitt von 1527–1649, in dem für die zugehörigen einzelnen Ämter die jährlichen Getreideablieferungen verzeichnet worden sind. Darüber hinaus enthält das Zehentbuch auch noch zusätzliche Randbemerkungen, in denen Hinweise auf besonders schlechte Erntejahre und Erklärungen für ungewöhnlich geringe Ablieferungsmengen gegeben werden.

Da es sich in allen Fällen um witterungsbedingte Schäden bzw. Ertragsminderungen handelt, stellen die erwähnten Randnotierungen in ihrer Gesamtheit eine spezielle Art von Witterungschronik dar, die in Verbindung mit anderen meteorologischen Angaben wertvolle Ergänzungen zur Witterungsgeschichte des Machlandes in dem fraglichen Zeitraum zu liefern vermag. Die fruchtbare Ebene nördlich der Donau zwischen Mauthausen und Grein führt auch heute noch die Bezeichnung „Machland".

Im Zeitalter der Hussitenkriege von 1427–1430 wurde das Land Oberösterreich zu Verteidigungszwecken in 4 Viertel geteilt, denen je ein Viertelhauptmann vorstand. Das östlich gelegene Machland-Viertel wurde durch den Haselgraben vom Mühlviertel getrennt und hatte noch 1478 diese Ausdehnung. Als dann das Land Oberösterreich im Jahre 1527 für die Steuererhebung ebenfalls in 4 Viertel gegliedert wurde, erfolgte auch für das Machland-Viertel die Ernennung eigener „Einlagebereiter" als oberste Verwaltungsbeamte.

Auf die Tätigkeit dieser „Einlagebereiter" geht das Zehentbuch von 1527 bis 1649 mit der entsprechenden Eintragungsfolge zurück. Erfaßt wurden 26 meist im Machland, d. h. im unteren Mühlviertel gelegene Ämter. Die Häufigkeit von Hinweisen auf Minderung der jährlichen Ernteerträge durch Witterungseinflüsse in den erwähnten 26 Ämtern ermöglicht nun einerseits Rückschlüsse hinsichtlich der Frage, ob es sich jeweils um lokale Schäden, wie z. B. das Auftreten von Hagelschäden, Überschwemmungen etc. gehandelt hat, oder ob andererseits ungünstige Großwetterlagen allgemein für das Einbringen schlechter Ernten berücksichtigt werden müssen.

Die Tabelle 9 enthält die von G. WACHA aus dem Zehentbuch exzerpierten zusätzlichen Witterungshinweise aus dem Zeitraum von 1532–1643. Beigefügt ist in Klammern die jeweilige Zahl der Meldungen der fraglichen 26 Ämter, allerdings blieben weniger als 3 Angaben unberücksichtigt.

Tabelle 9:
Angaben über Witterungsschäden im Herrschaftsarchiv Riedegg-Eferding im Machland aus der Zeit von 1532–1643 nach G. WACHA.

1532: Die Ablieferung ist in manchen Ämtern ebenso gering wie 1540. (Eine Erklärung wird hierzu nicht gegeben.)

1540: Das Korn dünn und „an etlichen orthen gar ertrungkhen". (bei allen Ämtern)

1542: Das Korn dünn (4x).

1545: „Notta das dises 45iste Jars zum thaill das schwar draitt erschlagen."
(bei fast allen Ämtern)

1549: stellenweise „überfluß der wasser" (Naarn, Baumgarten), sonst durch Schnee Schaden (4x)
(Für 1549 ist keine größere Überschwemmung nachweisbar, es sei aber auf die Nachrichten über das Frühjahrshochwasser von 1548 hingewiesen. (Linzer Regesten A2, Reg. 476))

1560: „Durch den schaur zerruth." (6x)

1566: „Nota dys 66ist jar durch denn schauer ann edlichen ordtenn schadten geschehen und das getreid vest geschlagenn." (9x)

1569: „Nota dis 69 das schwär traith durch den Schnee und khälten fast erlegen." (5x)

1576: Sehr dünn, „der schnee das getraid erdruckt" (4x)

1583: Sehr dünn. (4x)

1584: Schauer (2x), Hafer schlecht (2x).

1590: Schaden durch Schnee „sunderlichen schlecht". (10x)
(Zu 1590 vgl. den Bericht v. W. LINDNER, sowie V. PREUENHUBER: 1590 Erdbeben und Hitze.)

1593: Schauer. (9x)

1603: „Schaur dis jar inn khorrn zimlich schaden gethan." (5x)

1614: „der schauer das winter traidt alles in die ertten geschlagen ...", „hat dis 1614 jar der schauer fast alles in grundt erschlagen ...", „der schnee die wintersaat erlegt ..." „Schauer im schwörern und rungern getraidt." (13x)
(Zu 1614 vgl. die Angaben F. GUESTRATERs: Er geht nach Schwadorf bei Wien als Verwalter, doch war es ein schlechtes Jahr. „Was der Schauer nicht erschlagen, das riß die Überschwemmung fort, was blieb, nahm der Feind.")

1625: „aufs somertreit gar nichts zu hofen ..." (3x), „der Hafer gar schlecht und kurz". (3x)

1626: „weil die gefrehr das winter- und somertrait fast alles dis 1626 jar erfrört ..." (5x)

1643: „die gefrüer schaden gethan ..." (4x)

Literatur: (45), (52), (57), (61), (68).

2.9 Witterungsbeobachtungen in Mähren (Schloß Rossitz?) von 1533–1545.

Beobachter: F. VON ZEROTIN (ZEROTAIN).

Auf sehr frühe Witterungsbeobachtungen eines Angehörigen des großen mährischen Adelshauses der ZEROTIN hat G. HELLMANN in seinen „Neudrucken Nr. 13, Berlin 1901" hingewiesen und Beispiele der nahezu regelmäßigen täglichen Witterungsaufzeichnungen einiger Wintermonate mitgeteilt.

Verfasser der fraglichen Witterungsaufzeichnungen von November 1533 bis April 1545, die sich in einem Exemplar von JOHANNES STOEFFLERs „Ephemeriden, Tubingae 1531" befinden, war F. VON ZEROTIN, der jeweils auf den linken Seiten der Ephemeriden Familiennachrichten in lateinischer Sprache, auf dem freien Raum der rechten Seiten die erwähnten Witterungsangaben jedoch in tschechischer Sprache eingetragen hat. Allerdings fehlen diese meteorologischen Beobachtungen in den Sommermonaten sehr häufig, da sich ZEROTIN dann offenbar auf Reisen im Ausland befand.

Es unterliegt keinem Zweifel, daß ZEROTIN ein naher Verwandter des bekannten Humanisten JOHANN VON ZEROTIN des Älteren war, der umfangreiche Ländereien in den Gebieten westlich von Brünn mit den Zentren Rossitz, Namiest und Eibenschitz sowie in Ostmähren und Böhmen besaß.

Die ZEROTINs, die mit dem überwiegenden Teil des Volkes protestantisch geworden waren und ihrem Ruf als treue Anhänger der mährischen Brüdergemeinde stets gerecht wurden, verstanden es in glänzender Weise dem Leben auf ihren Herrensitzen durch „den edlen Bund des Adels mit den Wissenschaften" ein ungewöhnlich hohes kulturelles Niveau zu geben. Schlösser wie Rossitz waren nicht nur der Sitz dieser Familie, dazu des Hausstandes, der Beamten und der Verwaltung, es lebten dort vielmehr auch Gelehrte und Künstler jeder Art und Kunstrichtung als Lehrer und Freunde. Das Schloß entfaltete sich zu einer wahren Hofhaltung, zu einer Stätte, wo Bildung und feine Sitte sowie Kenntnisse in Kunst und Wissenschaften herrschten, aber auch erworben werden konnten. Die adligen Häuser des Landes sandten ihre Jugend dorthin, wo kluge Lehrer und Pagenmeister für den Erwerb des erforderlichen Wissens sorgten, bis sie den Schloßherren auf Reisen begleiten durfte. Nach Abschluß der Ausbildung bezog die Jugend des Adels zumeist Universitäten in Deutschland und der Schweiz, reiste zur Vollendung der klassischen Studien aber auch nach Italien, um neben der Sprache Dantes all jene Künste zu erlernen, die im 16. Jahrhundert von einem „echten Herrn" unbedingt verlangt und gefordert wurden.

Es besteht kein Zweifel daran, daß F. VON ZEROTIN eine derartige „vollkommene" Ausbildung mit anschließendem akademischen Studium zuteil geworden ist. Offen bleibt jedoch die Frage, in welcher Weise oder speziellen Funktion er an der Hofhaltung JOHANN VON ZEROTINs auf Schloß Rossitz tätig war.

Hinsichtlich der Motive, die F. VON ZEROTIN veranlaßten, vermutlich dort seine Witterungsbeobachtungen von 1533–1545 auszuführen und in tschechischer Sprache in den erwähnten Band der STOEFFLERschen „Ephemeriden, Tubingae 1531" einzutragen, ist keine gesicherte Aussage möglich. Nach Lage der Dinge dürften astrometeorologische Fragen und Probleme bezogen auf landwirtschaftliche Interessen, wie z. B. Voraussagen zu erwartender Ernteerträge nicht auszuschließen sein. Auf den praktischen Wert derartiger Prognosen braucht – sofern sie zutrafen – nicht hingewiesen zu werden.

In der Tabelle 10 sind als Beispiel die Witterungsaufzeichnungen F. VON ZEROTINs für den Monat Dezember 1533 in tschechischer Sprache nach Angaben G. HELLMANNs mitgeteilt, dem Prof. Dr. ALEXANDER BRÜCKNER bei der Entzifferung einiger Worte behilflich war. Die alte Schreibweise wurde beibehalten.

Tabelle 10:
F. VON ZEROTINs Witterungsaufzeichnungen vom Dezember 1533 in JOHANN STOEFFLERs „Ephemeriden, Tubingae 1531".

1533, Dezember:
1.) teplo
2.) teplo
3.) teplo
4.) teplo
5.) teplo
6.) przymrazy
7.) przymrazy mhla
8.) przymrazy
9.) przymrazy mraczno
10.) mraz jasno
11.) przymrazy nad' teplo
12.) przymrazy wnozy
13.) deffcz
14.) teplo mhla
15.) deffcz czely den a do pulnozy
16.) mraczno teplo fnih czely den
17.) fnih czely den
18.) zyma mraz
19.) zyma mraz
20.) zyma mraz
21.) jasno zyma mraz
22.) mraz zyma
23.) mraz zyma
24.) mraz zyma
25.) odtepleny
26.) gyh
27.) gyh
28.) deffcz wnozy y czely den
29.) mraz wnozy poprach
30.) jasno mraz witr
31.) mraczno od poledne fnih knozy

Wie ersichtlich, bestehen F. VON ZEROTINs Witterungsangaben aus einem oder einigen Worten in tschechischer Sprache. Sowohl im Charakter als auch im Umfang entsprechen sie damit den meisten meteorologischen Aufzeichnungen jener Zeit.

G. HELLMANN hatte übrigens keine Schwierigkeiten, F. VON ZEROTINs Exemplar der STOEFFLERschen „Ephemeriden, Tubingae 1531" einzusehen und daraus Auszüge der Witterungsnotierungen anzufertigen, da sich der fragliche Band noch um die Jahrhundertwende im Besitz der Stadtbibliothek Breslau befand.

Die Frage, auf welchem Wege F. VON ZEROTINs Band der STOEFFLERschen „Ephemeriden, Tubingae 1531" mit den fraglichen Wetterbeobachtungen von 1533–1545 in die schlesische Metropole Breslau gelangte, läßt sich unschwer durch die Geschichte des mährischen Hauses der Zerotins erklären. Seine literarische Hinterlassenschaft in Schloß Rossitz fiel zunächst an JOHANN VON ZEROTIN den Älteren und nach dessen Tod an seinen Sohn KARL VON ZEROTIN.

Der kluge und feingebildete, aber häufig kränkelnde KARL VON ZEROTIN (1564–1636) hatte seine Jugendjahre auf dem von seinem Vater um 1570 erbauten Schloß Namiest, einen bedeutenden Kulturzentrum, verbracht, später aber seinen Hauptsitz auf Schloß Rossitz verlegt, das er nach der Überlieferung „zu einem einzigen Hort von Büchern" machte. Seine zahlreichen Reisen, insbesondere in das Ausland, nutzte er, um bibliophile Raritäten und Kostbarkeiten aufzustöbern, anzukaufen und dann in Rossitz mit prachtvoll geprägten und goldverzierten Einbänden ausstatten zu lassen.

KARL VON ZEROTIN war jedoch nicht nur der begeisterte Sammler alter und seltener Bücher und Handschriften, sondern trat vor allem als weitblickender Politiker und Staatsmann hervor, der seit 1619 als Landeshauptmann von Mähren seinem Lande den Frieden durch eine Art Autonomie erhalten konnte, als der habsburgische Bruderkrieg zwischen Kaiser RUDOLF II. und Erzherzog MATTHIAS und wilde Religionsfehden tobten.

Obwohl es der bedachtsamen und ausgleichenden Tätigkeit KARLS VON ZEROTIN zu verdanken war, daß zwischen dem Landesfürsten und den Ständen Einigkeit hergestellt werden konnte und Versöhnlichkeit zwischen Protestanten und Katholiken erreicht wurde, erntete er nichts als Undank. So ist erklärlich und verständlich, daß er es vorzog, im Jahre 1629 freiwillig in die schlesische Landeshauptstadt Breslau zu emigrieren. Die mitgeführten Rossitzer Bücherschätze, darunter auch kostbare Inkunabeln der mährischen Buchdruckerkunst, boten ihm in jener Periode, in der er dem politischen Wirken vollkommen entsagte und sich ganz in die Wissenschaft zurückzog, in der Fremde Trost und Zuflucht.

In den Beständen der Bibliothek, die KARL VON ZEROTIN nach Breslau transferierte, muß sich auch das Exemplar der STOEFFLERschen „Ephemeriden, Tubingae 1531" befunden haben, in welches F. VON ZEROTIN seine Rossitzer Witterungsaufzeichnungen von 1533–1545 eingetragen hatte. Damit steht zwar fest, daß sich dieses alte tschechische meteorologische Material seit 1629 in Breslau befindet, aber die Frage, wann und auf welchem Wege es endlich in den Besitz der dortigen Stadtbibliothek gelangte, läßt sich nicht mehr klären.

Heute bleibt zudem die Frage offen, ob der fragliche Band in den Wirren des zweiten Weltkrieges verloren ging oder etwa durch rechtzeitige Auslagerung erhalten werden konnte, was freilich nicht bedeutet, daß er wieder nach Breslau gekommen sein muß.

Literatur: (12), (24), (26), (59).

2.10 Witterungsbeobachtungen m. U. von 1546–1550 in Wien und Mayerhofen.
Beobachter: JOHANN EMERICH AICHHOLZ.

Die ersten regelmäßigen täglichen Witterungsaufzeichnungen in Österreich wurden, am 25. 4. 1546 in Wien beginnend, von dem Mediziner JOHANN EMERICH AICHHOLZ ausgeführt. Sie sind Bestandteile einer meteorologischen Beobachtungsreihe, die, abgesehen von zwei Unterbrechungen, insgesamt den Zeitraum vom 1. 1. 1545–25. 7. 1550 erfaßt, sich auf die wechselnden Beobachtungsorte Wittenberg, Wien und Mayerhofen bezieht und in einen Band der STOEFFLERschen „Ephemeriden für die Jahre 1532–1551, Tübingen 1531 bei U. Morhard" eingetragen wurde. Der fragliche Band kam über die Universitätsbibliothek Göttingen nach Straßburg, wo er früher unter der Signatur „H 110437", heute dagegen unter der Signatur „R 102998" in der National- und Universitätsbibliothek geführt wird.

JOHANN EMERICH AICHHOLZ, im Jahre 1520 in Wien geboren, wurde früh als Ziehsohn in die Familie des Wiener Universitäts-Superintendenten JOHANN PILLHAMMER aufgenommen und konnte dank seiner vorzüglichen schulischen Ausbildung bereits im Sommer-Semester 1536 die Universität Wien beziehen. Im folgenden Jahr 1537 erhielt er ein Stipendium in der Rosenburse.

Wegen eines Pestausbruches in Wien setzte AICHHOLZ seine Studien der Medizin und Philosophie vom 15. 8. 1541–18. 4. 1542 an der Universität Ingolstadt fort und übernahm nach der Rückkehr nach Wien den Unterricht zweier Söhne des Landmarschalls CHRISTOPH EYCZING und eines Knaben des Steyrer Burgvogtes HANNS HOFFMANN, Freiherrn zu Grünbühel und Streckau.

Nach einem Aufenthalt von Februar bis April 1543 in Passau setzte AICHHOLZ seine Studien an der im Jahre 1502 gegründeten Universität Wittenberg fort. Gemeinsam mit GEORG TANNER trug er sich am 15. 5. 1543 in die dortige Matrikel ein.

Hier in Wittenberg begann AICHHOLZ am 1. 1. 1545 seine regelmäßigen täglichen Aufzeichnungen der Witterung, die mit dem 25. 7. 1550 in Wien endeten. Entsprechend den häufig wechselnden Beobachtungsorten verteilen sie sich wie folgt:

Beobachtungsort:	Beobachtungszeit:
Wittenberg	1. 1. 1545 – 31. 3. 1546
Wien	25. 4. 1546 – 2. 1. 1547
Mayerhofen	6. 1. 1547 – 24. 7. 1547
Wittenberg	28. 8. 1547 – April 1548
Mayerhofen	April 1548 – Dezember 1548
Wittenberg	Januar 1549
Wien	17. 11. 1549 – 25. 7. 1550

Wie aus der Eintragung in die Matrikel vom 17. 2. 1550 hervorgeht, schloß AICHHOLZ seine Studien in Wien ab und trat bereits am 1. 8. 1550 als Erzieher mit einigen Zöglingen eine große Bildungsreise nach Frankreich und Italien an, auf der besonders Paris und Padua jeweils für mehrere Monate besucht wurden.

Über den weiteren Lebensweg des JOHANN EMERICH AICHHOLZ liegen keine detaillierten Angaben vor. Sicher ist, daß er sich 1555 in Padua aufhielt und an der dortigen Universität im Jahre 1557 zum Doktor der Medizin und Philosophie promovierte, sich noch im gleichen Jahr in Wien als Arzt niederließ und seine erste Ehefrau Ursula heiratete. Trotz seines Übertrittes zum neuen Glauben konnte er bald darauf als Professor für Anatomie an der Universität Wien wirken und wurde bei dem Pestausbruch im Oktober 1558 – obwohl jüngstes Mitglied der medizinischen Fakultät – zum „Magister sanitatis" vorgeschlagen und im Dezember 1560 für drei Monate zur Behandlung des Palatins Graf Nadasdy nach Ungarn beurlaubt.

Die familiären Verhältnisse des Dr. AICHHOLZ verliefen bedauerlicherweise nicht ungetrübt. Nach dem Tode seiner ersten Ehefrau Ursula im Jahre 1560 heiratete er 1561 seine zweite Gattin Katharina, die ihm einen Sohn und eine Tochter schenkte, jedoch bereits 1566 ebenfalls verstarb. Wann AICHHOLZ seine dritte Ehe mit Anna Unverzagt schloß, ist zeitlich nicht sicher belegbar. Vermutlich dürften die Jahre 1567/68 in Frage kommen.

Die hervorragende Rolle, die AICHHOLZ an der Universität Wien gespielt hat, geht daraus hervor, daß er seit 1559 fünfmal zum Dekan und im Jahre 1574 auch zum Rektor gewählt wurde. Die höchste Anerkennung seiner Tätigkeit als Arzt wurde ihm zuteil, als er 1581 zur Behandlung des kranken Kaisers RUDOLF II. (1552–1612) nach Prag berufen wurde.

Zusammen mit PAUL FABRICIUS richtete AICHHOLZ in Wien einen botanischen Garten ein, dessen Bedeutung der berühmte, aus Arras stammende Botaniker CARL CLUSIUS betont hat. CLUSIUS, der mit AICHHOLZ eng befreundet war und von 1575–1578 in dessen Hause wohnte, war übrigens zeitweilig als „hortulanus" im kaiserlichen Kräutergarten beschäftigt.

Die philantropischen Neigungen des Dr. AICHHOLZ, der am 6. 5. 1588 in Wien einer heftigen Erkrankung erlag, werden verdeutlicht durch eine Stiftung von 10000 Goldgulden, die er dem Rat der Reichsstadt Nürnberg mit der Auflage vermachte, daß die Zinsen in Höhe von 400 Gulden sechs Jahre an zwei Medizinstudenten für Bildungsreisen ausbezahlt werden sollten.

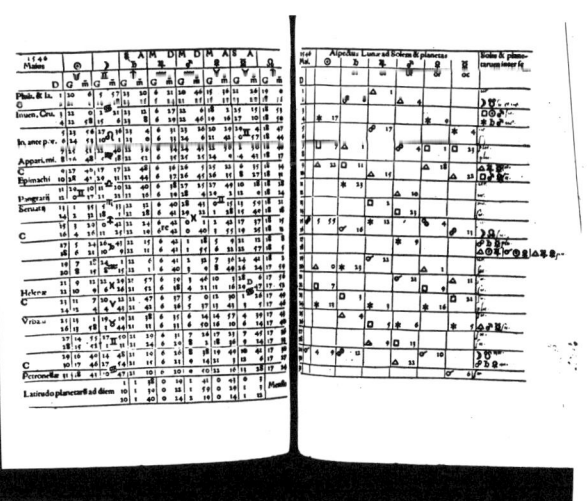

Abbildung 4: Witterungsaufzeichnungen des JOHANN EMERICH AICHHOLZ aus Wien für den Monat Mai 1546 in den STOEFFLERschen „Ephemeriden für 1532–1551, Tübingen 1531" der National- und Universitäts-Bibliothek Straßburg, Sign. R 102998.

Die sich auf Wien und Mayerhofen beziehenden Teile der meteorologischen Beobachtungsreihe des JOHANN EMERICH AICHHOLZ in dem von seinem Ziehvater JOHANN PILLHAMMER übernommenen Exemplar der STOEFFLERschen „Ephemeriden für 1532–1551, Tübingen 1531" enthalten, wie eingangs expliziert, die ältesten bekannten regelmäßigen täglichen Witterungsaufzeichnungen Österreichs. Die Beobachtungen in lateinischer Sprache wurden anfangs korrekt ausgeschrieben, doch fanden später entsprechende Abkürzungen Verwendung, wie die Abbildung 4 zeigt.

In der Tabelle 11 sind als Beispiel die vollständigen und ungekürzten Witterungsaufzeichnungen des JOHANN EMERICH AICHHOLZ vom Juli 1545 aus Wittenberg neben den stark gekürzten ersten regelmäßigen täglichen Wetterbeobachtungen aus Wien für die Zeit vom 25. 4. – 31. 7. 1546 angegeben.

Tabelle 11:
Witterungsaufzeichnungen von JOHANN EMERICH AICHHOLZ vom Juli 1545 in Wittenberg und vom 25. 4. – 31. 7. 1546 aus Wien in den STOEFFLERschen „Ephemeriden, Tübingen 1531" der National- und Universitäts-Bibliothek Straßburg, Signatur R 102 998.

1545: Wittenberg	1546: Wien			
Juli	April	Mai	Juni	Juli
1.) serenum et venti occid.		ve.	plu.	su.
2.) nubilosum et pluviae		su. et ve.	su.	su.
3.) serenum et venti occid.		su.	su.	su.
4.) serenum et venti occid.		ve.	su.	su.
5.) nubilosum		ve.	plu.	su.
6.) nubilosum		su.	plu.	su.
7.) serenum		plu.	nu.	su.
8.) nubilosum et venti occid.		plu.	nu.	nu.
9.) serenum et venti mered.		su.	su.	su.
10.) pluviae et venti occid.		su.	plu.	su.
11.) pluviae et venti occid.		ve.	plu.	su.
12.) pluviae et venti occid.		ve.	plu.	su.
13.) nubilosum et venti occid.		nu.	nu.	su.
14.) nubilosum et venti occid.		su.	ve.	su.
15.) nubilosum et venti occid.		su.	nu.	su.
16.) serenum et venti occid.		su.	su.	plu.
17.) serenum et venti occid.		plu.	su.	plu.
18.) serenum et venti occid.		plu.	su.	ve.
19.) sudum		ve.	su.	ve.
20.) sudum		su.	su.	ve.
21.) serenum et venti occid.		su.	su.	su.
22.) serenum et venti occid.		su.	su.	plu.
23.) serenum		su.	nu.	su.
24.) nubilosum		plu.	su.	su.
25.) nubilosum	redii	su.	plu.	su.
26.) nubilosum et venti occid.	sudum	su.	plu.	su.
27.) sudum et venti occid.	ve. et pl.	su.	plu.	su.
28.) nubilosum et venti sept.	ve. et nu.	su.	plu.	su.
29.) nubilosum et venti sept.	ve. et pl.	nu.	su.	su.
30.) nubilosum et venti occid.	su.	nu.	su.	su.
31.) nubilosum et venti occid.		su.		su.

Wenngleich die in der Tabelle 11 zusammengestellten Beispiele aus dem etwa 5½ Jahre umfassenden Beobachtungsmaterial von AICHHOLZ klar erkennen lassen, daß sie ähnliche zeitgenössische Witterungsaufzeichnungen weder qualitativ noch quantitativ übertreffen, müssen sie dem wichtigsten überlieferten meteorologischen Material aus der Mitte des 16. Jahrhunderts zugerechnet werden. Das gilt selbstverständlich in erster Linie für das Land Österreich.

Hinsichtlich der Motive, die den jungen Medizinstudenten AICHHOLZ veranlaßten, seine regelmäßigen täglichen Wetterbeobachtungen und deren Aufzeichnung mit dem Januar 1545 in Wittenberg aufzunehmen und, abgesehen von den zwei erwähnten Unterbrechungen, konsequent bis zum 25. 7. 1550 fortzuführen, ist man auf Vermutungen angewiesen, da von ihm selbst keine entsprechende Aussage bekannt ist. Es dürfte naheliegen sein, seine medizinischen und offenbar stark ausgeprägten botanischen Interessen in Verbindung mit einer offensichtlichen Anteilnahme am Natur- und Wettergeschehen als auslösende Faktoren in Rechnung zu stellen.

Bemerkenswert erscheint endlich die Tatsache, daß sich bei JOHANN EMERICH AICHHOLZ keinerlei Hinweise auf astrologische bzw. astrometeorologische Neigungen eruieren lassen. Er steht damit im Gegensatz zu der Mehrzahl der Witterungsbeobachter seiner Zeit, ja der vorinstrumentellen Ära überhaupt.

Literatur: (3), (21), (24), (54a), (68), (69), (72).

2.11 Witterungsbeobachtungen von 1552–1555 in Graz.

Beobachter: PETRUS WIDMANN.

Auf nicht regelmäßige Witterungsaufzeichnungen, die der Arzt Dr. PETRUS WIDMANN in den Jahren 1552–1555 in ein Exemplar des *„Almanach Novum Petri Pitati, Vevetiis M.d.XLII"* eingetragen hat, wurde von G. HELLMANN hingewiesen. Diese Angaben ergänzte G. WACHA durch den Hinweis, daß sich der fragliche Ephemeridenband in der Universitäts-Bibliothek Wien unter der Signatur I 209 316 befindet. Zur Person des Grazer Arztes Dr. PETRUS WIDMANN konnte durch das Steiermärkische Landesarchiv ermittelt werden, daß er seit 1540 steierischer Landesphysicus war und im Jahre 1555 starb.

Die Lebenszeit WIDMANNs, die etwa in den Zeitraum von 1490–1555 einzuordnen ist, fällt in eine bewegte Epoche der Geschichte der Stadt Graz, die einerseits durch die ständig drohende Türkengefahr, andererseits durch die innerösterreichischen Bauernunruhen von 1515 und deren Nachwirkungen sowie das unaufhaltsame Vordringen der Reformation gekennzeichnet ist.

Nachdem das auf dem Rückzug befindliche Hauptheer der Türken unter Sultan SOLIMAN am 12. 9. 1532 an Graz vorbeizog, wobei die außerhalb der Stadt gelegenen Kirchen St. Leonhard und St. Peter ebenso wie zahlreiche Adelshöfe vernichtet und in Asche gelegt wurden, erteilte König FERDINAND I. (1503–1564) den Befehl zur Errichtung der gewaltigen Befestigungen, die 1543 begannen und Graz zu einem der stärksten Bollwerke gegen den türkischen Erbfeind machten. Der Initiative der steirischen Stände ist ferner der Ausbau des Landhauses zu verdanken. Der Italiener DOMENICO DELL' ALLIO, der auch die Festungsbauten leitete, vollendete 1557/67 den Haupttrakt des Landhauses und schuf damit einen der bedeutendsten Monumentalbauten der Renaissance nördlich der Alpen.

Das Eindringen des Protestantismus in Graz ist erstmals für das Jahr 1525 bezeugt. Als der erste und bedeutendste Prediger der neuen Lehre, der sich schließlich drei Viertel der Bevölkerung der Stadt anschlossen, wirkte der Kaplan PROKOP HUSCHIMKEY. Trotz aller Erfolge wurde erst 1567 eine protestantische Kirchenorganisation geschaffen und 1570 eine Kirche für den evangelischen Gottesdienst fertiggestellt. Die von der Landschaft seit etwa drei Jahrzehnten unterhaltene Schule wurde 1574 in eine evangelische konfessionelle Anstalt umgewandelt, an die hervorragende Gelehrte als Lehrer berufen wurden.

In dieser Zeit begann aber der katholische Landesfürst Erzherzog KARL mit Hilfe der 1571 aus München beorderten Jesuiten die Rekatholisierung. Ab 1582 verschärfte er seine Bestrebungen gegen die Protestanten, gründete 1585 die katholische Hofdruckerei und 1586 die Universität, die er den Jesuiten übergab. Sein Sohn FERDINAND II. (1578–1637), ein Jesuitenzögling, vollendete endlich die vollständige Rekatholisierung der Stadt Graz, verbot 1598 den protestantischen Prädikanten jede Tätigkeit, wies sie 1598 aus der Stadt aus und sperrte die Stiftsschule. Im Jahre 1600 folgte die Ausweisung der evangelischen Bürger, darunter JOHANNES KEPLER, der seit 1594 an der Stiftsschule gewirkt hatte und eine Steirerin als Ehefrau hatte.

Um einige Beispiele der Witterungsaufzeichnungen Dr. PETRUS WIDMANNs in die vorliegende Arbeit aufnehmen zu können, wurde die Universitäts-Bibliothek Wien um Überlassung entsprechender Fotokopien aus dessen *„Almanach Novum Petri Pitati Veronensis Mathematici, Venetiis M.D.XLII"* gebeten, der sich dort unter der Signatur I 209 316 A befindet.

Da sich aber in dem in unbefriedigender Form aus Wien übersandten Material keinerlei handschriftliche Eintragungen befinden, ist keine Aussage über den Charakter, die Häufigkeit und den Umfang der Witterungsaufschreibungen Dr. PETRUS WIDMANNs möglich. Offen bleibt selbstverständlich auch die Frage, ob zwischen Dr. WIDMANNs meteorologischer Tätigkeit und seiner Arbeit als praktischer Arzt irgendwelche Beziehungen bestanden.

Übrigens sind in dem ebenfalls von der Universitäts-Bibliothek Wien unaufgefordert übersandten Material aus einem zweiten *„Almanach Novum Petri Pitati, Venetiis MDLII"*, Signatur I 238 160 A, keine handschriftlichen Bemerkungen, geschweige denn meteorologische Angaben enthalten.

Um biographische Daten bzw. Angaben über die Herkunft und den Lebensweg Dr. PETRUS WIDMANNs zu gewinnen, der, wie eingangs vermerkt, gemäß einer Mitteilung des Steiermärkischen Landesarchivs aus dem Jahre 1958 seit 1540 steierischer Landesphysicus war und 1555 verstarb, wurde das Landesarchiv um weitere Auskünfte bzw. Nachforschungen gebeten. Warum das Steiermärkische Landesarchiv auf die Anfrage nicht reagierte, kann nur vermutet werden.

Zumal auch weitere Bemühungen erfolglos blieben, sind weder über die Grazer Witterungsaufzeichnungen, noch über den Lebensgang des Arztes Dr. PETRUS WIDMANN konkrete Aussagen möglich.

Literatur: (24), (26), (28), (68).

2.12 Witterungsaufzeichnungen von 1567–1618 in Steyr/Oberösterreich.

Beobachter: VALENTIN PREUENHUEBER

Die ältesten überlieferten Witterungsangaben aus der Stadt Steyr in Oberösterreich fallen in den Zeitabschnitt von 1567–1618. Sie befinden sich in dem Werk des Protestanten VALENTIN PREUENHUEBER *„Annales Styrenses samt . . . Historisch und Genealogischen Schriften, Nürnberg 1740."*

Die in den Jahren 1625–1630 in Steyr von VALENTIN PREUENHUEBER als erste Arbeit geschriebenen „Annales Styrenses", die als sein Hauptwerk gelten, betreffen nicht nur die Geschichte der Stadt Steyr, sondern darüber hinaus die der Steiermark und Österreichs aus protestantischer Sicht. Um Objektivität bemüht, vermerkte er, daß er sich nicht in theologische Kontroversen einlassen wolle, zumal er mit katholischen Kreisen in Verbindung stand und u. a. mit dem Garstner Archivar P. SERAPHIN (GEORG) KIRCHMAYR OSB korrespondierte.

Als Hauptquelle verwendete VALENTIN PREUENHUEBER das Archiv der Stadt Steyr. Ferner zog er zahlreiche Handschriften heran, die teils von bekannten Humanisten und Geschichtsschreibern, teils von niederösterreichischen, steiermärkischen, salzburgischen und vereinzelt oberösterreichischen Autoren stammen. Das Werk reicht vom Ursprung der Stadt Steyr bis zum Tode des Kaisers MATTHIAS im Jahre 1619 und gliedert sich in 10 Bücher.

Die Stadt Steyr, deren Ursprünge auf die vermutlich zur Sicherung des Reiches gegen die Magyaren an der Mündung des Steyr-Flusses in die Enns erbaute und 972 erstmals erwähnte Burg an der Steyr (Stirapurke) zurückgehen, entwickelte sich zu einem Zentrum des Fernhandels mit Roheisen und Stahl sowie die Verarbeitung dieser Rohstoffe. Die Steyrer Eisenerzeugnisse, vor allem Klingenwaren, gelangten bis Venedig, über Krems und Wien in die nördlichen und östlichen Länder Europas, über Nürnberg nach Nord- und Westdeutschland bis England und Spanien. Im 15. Jahrhundert war Steyr eine der reichsten Städte Österreichs und eine der großen Handelsmetropolen Europas. Durch die kriegerischen Ereignisse in den Jahren 1467 und 1477 und den von Kaiser FRIEDRICH III. (1415–1493) befohlenen Ausbau der Stadtbefestigungen geriet die Stadt jedoch in eine bis in die ersten Jahrzehnte des 16. Jahrhunderts andauernde Wirtschaftskrise.

Kaiser MAXIMILIAN I. (1459–1519) gewährte dann der Stadt, die hohe Geldmittel zur Bekämpfung der Ungarn aufgebracht hatte, als Entschädigung bedeutende Privilegien, als deren Ergebnis es zu einem mehrere Jahrzehnte anhaltenden Wirtschaftsaufschwung kam. Die ausgedehnten Verbindungen zu den Handelszentren Deutschlands machten indessen die aufgeschlossene Bürgerschaft Steyrs empfänglich für neue Ideen und geistige Strömungen. Im Land ob der Enns wurde daher die Stadt zum Mittelpunkt der Wiedertäuferbewegung und einem mächtigen Bollwerk des Protestantismus. Aber Hochwasserkatastrophen und langanhaltende seuchenartige Infektionskrankheiten sowie der Niedergang der Eisenwirtschaft im Zeitabschnitt von 1570–1630 unterhöhlten die Wirtschaftskraft Steyrs und führten zum Zusammenbruch der Stadtfinanzen. Endlich hatte die nach dem Tode MAXIMILIANs II. (1527–1576) mit voller Wucht einsetzende katholische Gegenreformation zur Folge, daß sich eine bedeutende Zahl reicher und im Wirtschaftsleben maßgeblicher evangelischer Handelsherren Steyrs zur Auswanderung entschlossen. In diese Zeit fallen VALENTIN PREUENHUEBERs gelegentliche Witterungsaufzeichnungen.

VALENTIN PREUENHUEBER wurde als Sohn des Radmeisters Valentin Preuenhueber im letzten Viertel des 16. Jahrhunderts in Eisenerz geboren. Sein genaues Geburtsjahr hat sich nicht ermitteln lassen, dürfte aber, bei einem angenommenen Lebensalter von 62 Jahren, etwa für das Jahr 1580 anzusetzen sein.

Wie angedeutet, wurde das Leben VALENTIN PREUENHUEBERs seit seiner Jugend von der Gegenreformation beeinflußt, die alle konfessionalen Kräfte bis zur Leidenschaft entfesselte. Über den Bildungsgang PREUENHUEBERs liegen keine definitiven Angaben vor, doch besteht Grund zu der Annahme, daß er seine Studienjahre in Graz abschloß.

PREUENHUEBER, der überzeugte Protestant, trat zwischen 1607 und 1612 als Schreiber der Stadtkanzlei in den Dienst der Stadt Steyr, gab aber zu Beginn des Jahres 1620 diese Stellung auf und vermählte sich Ende Januar des genannten Jahres mit Ursula Radlinger (Raedtlinger), der Tocher einer einflußreichen Steyrer Familie. Da PREUENHUEBER im 2. und 3. Grade mit seiner Braut blutsverwandt war, verweigerten die einheimischen Prädikanten die Einsegnung, so daß sich das Paar im benachbarten Niederösterreich trauen lassen mußte.

Nach seiner Verehelichung ernannte der Magistrat der Stadt Steyr PREUENHUEBER zum Sekretär der Eisengewerkschaft. Er bewohnte mit seiner Ehefrau vom 1.10.1625–31.12.1627 das der Gewerkschaft gehörige heutige Haus Stadtplatz Nr. 15. Für das Haus, in dem seine Söhne geboren wurden, mußte er übrigens Miete in Höhe von 40 Gulden entrichten. Überliefert ist, daß PREUENHUEBER Eigentümer eines Hofes „vor dem St. Gilgenthor", heute Leopold-Werndl-Straße, war.

Seine Stellung als Sekretär im Eisenverlag der Gewerkschaft zu Steyr konnte PREUENHUEBER bis zum 30.9.1628 ausüben und im Jahre 1630 sah er sich dann gezwungen, als einer der letzten Steyrer Protestanten nach Regensburg zu emigrieren, wo er sich mit seiner Familie nachweislich 1630/1631 aufhielt. Seine Bestrebungen, in die Heimat zurückkehren zu können, erfüllten sich offenbar erst Jahre später, denn erst 1635 hatte er eine nicht näher definierte Stellung „in der oberen Gegend von Niederösterreich" inne. Vom Jahr 1636 bis an sein Lebensende im April 1642 wirkte er als Regent und Oberpfleger der Herrschaft Salaburg, die sich seit 1607 im Besitz der Freiherren von Salburg befand und der Burggrafschaft Steyr unterstand. Entsprechend seiner leitenden Position lebte er mit seiner Familie in guten Verhältnissen und besuchte in seiner Diensteigenschaft u. a. häufig die Linzer Märkte. Zu der Beisetzung PREUENHUEBERs, die am 7.4.1642 auf dem Friedhof zu Haag stattfand, befindet sich im Totenbuch der Pfarre Haag die folgende Eintragung: „/14: den 7 dito ist der Edl vnd vest Herr VALENTIN PREUENHUEBER Salburgischer Regent vnd oberpfleger alda Zu Haag Zur Erde bestattet worden." Da sich PREUENHUEBER nie das Adelsprädikat zugelegt hatte, dürfte sich die Bezeichnung: „Edl vnd vest" auf seinen Titel bezogen haben.

Am 19.9.1642, d.h. etwa einem halben Jahr nach dem Tode PREUENHUEBERS, richtete seine Witwe Ursula Preuenhueber das erste Gesuch um Beihilfe zur „eheisten Edirung" der *„Annales Styrenses"* an den Magistrat. Jedoch scheiterten dieses und weitere Ansuchen am ständigen Mangel von Barmitteln in den städtischen Kassen. Frau Ursula wurde gebeten, „derzeit Geduld zu üben" und dem Magistrat die historischen Manuskripte zur Anfertigung einer Abschrift zu überlassen.

Nach dem Tode der Witwe Ursula Preuenhueber scheiterten Versuche ihres Sohnes und Erben Valentin Preuenhueber jun. im September 1644, Ende Juni 1646 sowie im Jahre 1649, Gelder aus seinem ererbten Kapital für den Druck der *„Annales Styrenses"* flüssig zu machen. Der Magistrat konnte sich auf ein gewährtes kaiserliches Moratorium berufen, demzufolge er einen Aufschub für alle Zahlungsverpflichtungen erhalten hatte.

Im Mai 1654 bat Valentin Preuenhueber jun., der inzwischen Sekretär der niederösterreichischen Regierung in Wien geworden war, den Magistrat von Steyr um die Herausgabe der von seiner Mutter leihweise zur Verfügung gestellten „Annales". Die Stadt bat indessen um weiteres Zuwarten, da noch „zwei in copia abgängige Wappen zu verfertigen waren". Die Rückgabe scheint dann endlich im Dezember 1654 erfolgt zu sein.

Auf nicht mehr feststellbaren Wegen gelangte das Manuskript der „*Annales Styrenses*" endlich in den Besitz des Grafen JOHANN JOACHIM ZU WINDHAG, der es mitsamt seiner großen Bibliothek der Universität Wien vermachte.

Nach einer beglaubigten Abschrift ließ der Nürnberger Buchhändler JOHANN ADAM SCHMIDT die „*Annales Styrenses*" sowie vier weitere historische Werke VALENTIN PREUENHUEBERS im Jahre 1740 bei Lorenz Bieling in Nürnberg drucken.

Die Abbildung 5 zeigt die Titelseite des Druckes nach dem Exemplar der Stadtbibliothek Nürnberg, Signatur „Hist. 1312 4°".

Abbildung 5: Titelseite der „*Annales Styrenses*" von VALENTIN PREUENHUEBER nach dem Exemplar der Stadtbibliothek Nürnberg, Signatur „Hist. 1312 4°".

Die von VALENTIN PREUENHUEBER in seinen „*Annales Styrenses*" mitgeteilten besonderen Witterungsgeschehnisse aus dem Zeitraum von 1567–1618, deren Folgen und Auswirkungen tief in das Leben der Stadt Steyr und Oberösterreichs eingegriffen haben, sind unter Beifügung der Seitenzahlen der „Annales" in der Tabelle 12 enthalten.

Tabelle 12:
Witterungsaufzeichnungen VALENTIN PREUENHUEBERS von 1567–1618 in den „*Annales Styrenses*, Nürnberg 1740" mit Angabe der Seitenzahlen.

1567, 29./30. Juli: Eine Überschwemmung in Steyr, die alle Wassergüsse seit 1538. 1539 und deren Marken um Manneslänge übersteigt, „welche noch heutigen Tages am Spital und an den Stadt-Mauren durch gemachte zeichen zu sehen und sehr hoch seyen" (S. 182).

1570: Hungersnot. Seuchenartige Krankheit (S. 285).

1572, Juli: Überschwemmung, die jene von 1567 übertroffen hat. Der damalige Rektor M. Georg Mauritius (der Lateinschule) machte darüber ein langes Gedicht (S. 286–288).

1586/87: Kalter Winter wie seit Menschengedenken nicht, beginnend vor Katharina (25. 10. 1586) bis zur Fastenzeit (Februar 1587), (S. 305).

1590: Erdbeben (Juni) und Hitze mit Trockenheit im Sommer. (Das Erdbeben erforderte eine Restaurierung des Wiener Stephanturmes.) (S. 307).

1598, 16.-25. Aug.: Überschwemmung. Die Steyrer Brücken zerstört (S. 323).

1599: Gutes Weinjahr. (In Salzburg brachten Regenfälle im Januar das Notdach des Domes zum Einsturz) (S. 327).

1601/1602: Weinteuerung (S. 331).

1605, August: Sommerüberschwemmung (S. 332).

1607: Weihnachtsfeiertage bis 14 Tage vor Ostern 1608: Sehr große Schneemengen unter deren Last Bäume brechen, Flüsse zugefroren (S. 335).

1614/1615: Früh einsetzender langer und schwerer Winter. Vorbedeutung des Erdbebens vom 14. 2. 1615: Getreidenot, Teuerung (S. 354).

1616: Große Hitze und Dürre im Sommer (S. 355).

1617: Ziemlich fruchtbares Jahr, früher Schneefall in den Bergen. (Übereinstimmend mit KEPLERS Wetterbeobachtungen, Randbemerkungen zur Ephemeride 1617.) (S. 356.)

1618: Letzte Eintragung VALENTIN PREUENHUEBERS: Komet von Ende November 1618 (S. 357).

Die weitgehende Übereinstimmung der Witterungsangaben VALENTIN PREUENHUEBERS mit denen, die der Magister WOLFGANG LINDNER von 1603–1622 ebenfalls in Steyr aufzeichnete, verdeutlicht die Zuverlässigkeit der in den „*Annales Styrenses*" überlieferten meteorologischen Beobachtungen.

Aus den „*Annales Styrenses*" folgen als ein typisches Zeitdokument Auszüge aus dem von dem Steyrer Rektor der Lateinschule M. GEORG MAURITIUS verfaßten Gedicht, in dem die verheerende Überschwemmung vom Juli 1572 geschildert wird.

. . . . .

„Montags früh um sechs Uhr ungefehr,
die Brucken kamen geflossen her
   vorm grausamen der Balcken Gewalt,
   der in der gantzen Stadt erschalt,
wie auch denselben gantzen Tag
mit vieler Herzenleid und Klag
   Städl, Hämmer, Heuser kamen geflossen
   die jämmerlich waren umgestossen,
daß also mancher armer Mann,
must sehen, wie sein Gut weck ran,
   elendiglich im Augenblick,
   war das nicht ein erbärmlich Stück
das Saußn, Praußn und grosser Grimm
gieng nur mit aller Ungestimm
   und obs wol wehrt den gantzen Tag
   jedoch war nicht so groß die Klag,
noch Schmertzen als den andern Morgen
am Dienstag da gieng an das Sorgen,
   dann fielen erst starck Häuser nieder
   an manichen Orten hin und wider
das Wasser sah warlich so schiech

als zuvor war gewesen nie,
der Teuffel streckt dran all sein Macht
den Schülern grimmiger nachtracht,
noch wehret Gott sein argen Lüst,
daß keinem nichts geschehen ist
in solcher grossen Leibs Gefar"
. . . . .

Literatur: (14), (44), (45), (68).

Abbildung 6: Abbildung der Seite 205 mit den Angaben für die Jahre 1570 und 1571 aus den *„Annales Styrenses"* der Stadtbibliothek Nürnberg, Signatur Hist. 1312 4°.

2.13 Witterungsbeobachtungen von 1589–1604 in Linz.

Beobachter: WOLFGANG WAGNER.

Wenngleich, wie G. WACHA betont hat, die oberösterreichische Landeshauptstadt Linz, die hinsichtlich ihrer Lage an das römische Kastell „Lentia" mit einer zugehörigen Zivilsiedlung anknüpfte, über wenig an Chroniken und noch weniger über zusammenhängende Aufzeichnungen verfügt, die man als „Wetterchronik" bezeichnen könnte – etwa vergleichbar den kontinuierlichen meteorologischen Angaben in den Annalen des Barfüßerklosters Thann im Oberelsaß von 1182–1700 –, liegen doch immerhin zeitlich begrenzte Aufzeichnungen von Elementarereignissen

aus Linz vor. Hierzu gehören die Notierungen WOLFGANG WAGNERs aus dem Zeitraum von 1566–1612, die sich anfangs auf Nürnberg und Wien, vom Jahre 1589 an jedoch auf die Stadt Linz beziehen.

Um 1210 durch Kauf von den Babenbergern erworben und damit in den Herrschaftsbereich des Herzogtums Österreich gelangt, wurde die Stadt Linz im Jahre 1276 von König RUDOLF I. von Habsburg (1218–1291) in dessen österreichische Besitzungen eingegliedert. Durch die Institution der Landeshauptmänner mit der Einrichtung ständiger Organe für die Verwaltung und die Gerichtsbarkeit stabilisierten die Landesfürsten ihr Regiment in dem Lande ob der Enns. Ihnen verdankt Oberösterreich letztlich den Bestand als eigenes Land. Hinzu kommt, daß maßgebende Schichten, der Adel wie auch ständische Korporationen, stets alle Bestrebungen unterstützten, die eine gewisse Selbstständigkeit gegenüber dem Lande unter der Enns, d. h. Niederösterreich mit der Metropole Wien gewährleisten.

Die Aufzeichnungen besonderer Linzer Witterungsgeschehnisse von 1589–1604, die WOLFGANG WAGNER, über den biographische Angaben nicht vorliegen, in seinem „Hausbuch" hinterlassen hat, fallen in einen bemerkenswerten Abschnitt der Geschichte der Stadt. Schon um 1521, dem Jahr, in dem der Enkel Kaiser MAXIMILIANs I. (1459–1519), FERDINAND I. (1503–1564) in Linz seine Vermählung mit der Königstochter Anna von Ungarn feierte, die dann längere Zeit in der Stadt residierte und hier mehrere Kinder gebar, schlossen sich die ersten Linzer Bürger der neuen Lehre an. In den folgenden Jahrzehnten setzte sich die Reformation mehr und mehr durch, so daß die Anhänger der lutherischen Konfession bereits 1540 die zahlenmäßige Mehrheit erlangten und im Jahre 1542 den ersten protestantischen Bürgermeister stellen konnten. Das Minoritenkloster wurde 1562 säkularisiert. In die von den protestantischen Landständen übernommenen Baulichkeiten des Linzer Klosters wurde im Jahre 1574 die ständische Landschaftsschule verlegt. Bekanntlich hat der berühmte Mathematiker und Astronom JOHANNES KEPLER (1571–1630) in der Zeit von 1612–1626 an dieser Anstalt als Professor gewirkt und u. a. seine glänzende meteorologische Beobachtungsreihe ausgeführt, bis er durch die sich immer stärker auswirkende Gegenreformation gezwungen wurde, die Stadt Linz zu verlassen.

Jedenfalls hat der vermutlich um 1540 geborene und wahrscheinlich protestantische WOLFGANG WAGNER ohne eigentliche meteorologische Interessen in seinem Hausbuch auffällige und bemerkenswerte Linzer Elementarereignisse von 1589–1604, also dem Zeitabschnitt notiert, in dem das Leben in der Stadt von der Reformation geprägt wurde. Das überlieferte Beobachtungsmaterial wurde in den H. KRECZI herausgegebenen Linzer Regesten E 2 veröffentlicht, in denen Urkundenauszüge mit kurzen Sachinhalten verschiedener Herkunft vereinigt sind.

In der Tabelle 13 sind WOLFGANG WAGNERs Witterungsaufzeichnungen von 1589–1604 so angegeben, wie sie von G. WACHA exzerpiert wurden. Die jeweiligen Daten beziehen sich auf den neuen Kalender, den Papst GREGOR XIII. (1572–1585) am 24.2.1582 mit der Bulle „Inter gravissimus" verkündet hatte. Auf Donnerstag, den 4.10.1582 folgte sofort Freitag, der 15.10.1582.

Tabelle 13:
WOLFGANG WAGNERs Aufzeichnungen Linzer Elementarereignisse von 1589–1604 aus den Linzer Regesten E 2 nach G. WACHA.

1589, 4.7.: . . . ist der groß gueß gewesen, hat 4 dag gossen, daß man zu Lincz zu keinem thor auß kundt gehen, ist bei mens gedenckhen kein solche somergueß nit gewest. (Reg. 170)

29. 6.: . . . ist zu Lincz ein groß erdbiden gewest, daß die glockhen in der pfarr geschlagen, gleichfalls im landthauß, solches erdtbiden hatt gewertt bis gen Wienn und ganz Österreich. (Reg. 172)

1590, 15. 9.: „Sein zu Lincz wider fünff starckhe erdtbiden gewest, als nach mittag umb 5, 6, 12 uhr, item umb 1 und 2 uhr nach mitternacht", in Wien war dies so starckh, daß Türme und Häuser einstürzten und auch Bürger zu Schaden kamen. (Reg. 173)

1593, 11. 7.: nachmittags ein großer Sturmwind in Linz, der in der Vorstadt die Vorderwand des Hauses der Frau Guminger herabgeworfen und eine Magd erschlagen hat. (Reg. 194)

12. 7.: großes Unwetter, „hat stain geworfen, so groß über manß feust, um die statt herumb alles erschlagen, auch an den fenstern und dächern großen schaden gedann". (Reg. 195)

1594, 8. 7.:	schweres Unwetter, es schlägt der Donner im Wert in Haus und Stadel des Wolf Schaur, so daß dieses samt 14 Städeln abbrennt „mitsambt der windtmühl". (Reg. 207)
1595, 25. 6.:	Großer Sturmwind in Oberösterreich, viele Häuser, Dächer und Bäume beschädigt. (Reg. 220)
1598, 14. 8.:	es regnet bis zum 25. 8., Hochwasser der Donau, großer Schaden. (Reg. 265)
1603, 27. 8.:	zu Regensburg wurde ein erschreckendes Wunderzeichen am Himmel gesehen: „ein kriegsheer, die grausamb einander geschlagen haben, darnach das blut regnet". (Reg. 309)
1. 12.:	die Gevatterin bringt ein Schüßlein „vol zeitig erdtbeer", die so schön waren, wie sie sonst um Johannis (24. 6.) sein mögen. Im eigenen Garten waren sie auch halb zeitig und um Nikolaus (6. 12) wurden noch viele Blüten gefunden. (Reg. 312)
1604, 16. 1.:	„hat es in Linz ein großes wetter gehabt, donnert, plitz, auch stein und regen durcheinand geworffen." (Reg, 315)

Literatur: (42), (43), (45), (66), (68).

2.14 Witterungsaufzeichnungen von 1590–1603 in Waidhofen a. d. Ybbs / Niederösterreich und von 1603–1622 in Steyr/Oberösterreich.

Beobachter: WOLFGANG LINDNER.

Eine mehr als drei Jahrzehnte umfassende meteorologische Beobachtungsreihe in Österreich geht auf den Pädagogen WOLFGANG LINDNER zurück. Die nicht regelmäßig täglich ausgeführten Witterungsbeobachtungen wurden folgeweise von 1590–1603 in der Stadt Waidhofen in Niederösterreich und von 1603–1622 in der „Eisenstadt" Steyr in Oberösterreich angestellt.

WOLFGANG LINDNER wurde vermutlich um 1560 geboren, doch ist weder das genaue Geburtsdatum noch sein Geburtsort feststellbar. Zweifellos hat er eine seinem späteren Stande als Lehrer der lateinischen Sprache entsprechende humanistische Ausbildung genossen, über die Einzelheiten ebenfalls nicht mehr ermittelt werden können.

Aus eigenen gelegentlichen Angaben in seinen „Annalen" geht jedoch hervor, daß er nach dem Abschluß seiner Universitäts-Studien zunächst als Magister ludi der lateinischen Sprache in Wien tätig war und im Jahre 1590 nach Waidhofen an der Ybbs in Niederösterreich übersiedelte, wo er die gleiche Berufstätigkeit ausübte.

Der im Besitz der Bischöfe von Freising befindliche Ort Waidhofen, dessen Anfänge bis in das Jahr 1186 nachweisbar sind, wurde in der Mitte des 13. Jahrhunderts zur Stadt ausgebaut, in der das Kleineisengewerbe zu hoher Blüte gelangte. Nachdem 1255 der Bürgerschaft Waidhofens der Bau eines „Kaufhauses" bewilligt worden war – es entstand daraus das älteste Rathaus der Stadt – erfolgte im Jahre 1273 die Einbeziehung der sogenannten Unterstadt in den Befestigungsring des Ortes. Der wirtschaftliche Aufschwung Waidhofens in den folgenden Jahrhunderten manifestierte sich in der Tatsache, daß um 1500 etwa 200 Handwerksbetriebe mit 60 Meisterstühlen der Klingenschmiede und Messerer registriert waren, die ihre Erzeugnisse mit dem Freisinger Mohrenkopf – ursprünglich einem Abbild des ersten Freisinger Bischofs CORBINIAN – sowie einer Meistermarke kennzeichneten.

Als WOLFGANG LINDNER im Jahre 1590 seinen Wohnsitz und seine Berufstätigkeit nach Waidhofen verlegte, hatte die Stadt den Zenit der Entwicklung jedoch längst überschritten. Nicht nur der große Stadtbrand von 1571 hatte dem Gemeinwesen schwerste Schäden zugefügt, beschleunigt und verstärkt wurde der allgemeine wirtschaftliche Niedergang durch die Beibehaltung veralteter und überholter gewerblicher Betriebsmethoden, und endlich zeitigte die Einführung der Reformation unliebsame Folgen.

Zwar hatte Kaiser MAXIMILIAN II. (1527–1576) im Jahre 1568 den evangelischen Ständen freie Religionsausübung nach dem Augsburger Bekenntnis durch die „Religionskonzession" bewilligt und diese durch die „Religions-Assecurranz" von 1571 bestätigt, aber dennoch kam es in der überwiegend protestantisch gewordenen Stadt Waidhofen zur Bildung von zwei sich erbittert bekämpfenden Parteien. Die Ratspartei der reichen Handelsherren opponierte gegen Freising und die katholische Kirche, während eine Gruppe der im Rat nicht vertretenen Handwerker die überkommenen Bindungen nicht aufgeben wollte. Die der Stadt Waidhofen auferlegte Strafsumme von 32000 Talern in Verbindung mit den eingeleiteten energischen gegenreformatorischen Maßnahmen veranlaßte dann viele vermögende Protestanten zur Auswanderung, so daß 1608 von 270 Häusern kaum noch 70 bewohnt gewesen sein sollen.

Über die Rolle, die WOLFGANG LINDNER in der Zeit von 1590–1603 in Waidhofen gespielt hat, ist wenig bekannt, zweifellos hat er aber neben seiner Arbeit als Magister der lateinischen Sprache eifrig im Sinne der katholischen Kirche gewirkt. Nachweisbar ist, daß er gute persönliche Beziehungen zu den seit 1574 im Dienste der katholischen Gegenreformation außerordentlich aktiven Äbten des vor den Toren der Stadt Steyr gelegenen Benediktinerstiftes Garsten unterhielt. Eine kritische Phase trat ein, als sich die Konventualen und die Bewohner der Stiftspfarreien fast ausnahmslos der Reformation anschlossen, doch konnte sich unter dem seit 1574 regierenden Abt JOHANN I. SPINDLER VON HOFEGG die katholische Erneuerung durchsetzen.

Die erwähnten engen Beziehungen WOLFGANG LINDNERs zum Benediktinerstift Garsten und sicher nicht zuletzt seine fachlichen Qualifikationen veranlaßten den Abt JOHANN WILHELM I. HELLER von Garsten (1601–1614), den überzeugungstreuen Magister im Jahre 1603 als „Ludidirector" mit einem jährlichen Gehalt von 200 Gulden an die lateinische Schule in Steyr zu berufen. Am 19. Februar des genannten Jahres traf er mit seiner Familie dort ein, wo die Gegenreformation gerade in vollem Gange war.

Schon seit dem Jahre 1590, d. h. dem Beginn seiner Tätigkeit in Waidhofen an der Ybbs, hatte WOLFGANG LINDNER auf Veranlassung des späteren Abtes des Stiftes Garsten ANTON II. SPINDLER VON HOFEGG (1615–1642) mit der Aufzeichnung seiner „Annalen" begonnen, wobei er sich einerseits auf ihm überlassenes Aktenmaterial, andererseits aber auch auf wichtige mündliche Informationen stützen konnte, die den Äbten als Mitgliedern der ständischen Vertretung bekannt und insbesondere für die Beurteilung der politischen und kirchengeschichtlichen Entwicklung von Bedeutung waren. Im Gegensatz zu den „*Annales Styrenses*" des Protestanten VALENTIN PREUENHUEBER, die 1740 zu Nürnberg gedruckt wurden und über die Geschicke der Stadt Steyr bis zum Jahre 1618 berichten und der „*Chronik der Stadt Steyr von 1612–1635*" des ebenfalls protestantischen JAKOB ZETL erfolgten alle Darstellungen LINDNERs aus der gegensätzlichen konfessionellen Sicht. Für die Angabe von Ereignissen außerhab des oberösterreichischen Bereiches standen ihm nach eigener Aussage die üblichen zeitgenössischen Quellen zur Verfügung.

Außer den „Annalen" mit den darin enthaltenen Witterungsbeobachtungen von 1590–1622, die teils auf eigenen Feststellungen, teils auf Berichten von Augenzeugen beruhen, so daß ihnen ein hoher Zuverlässigkeitsgrad zukommt, sind von WOLFGANG LINDNER noch zwei weitere Veröffentlichungen bekannt geworden. Im Jahre 1713 entdeckte der Benediktiner P. HIERONYMUS PEZ im Katalog der Stiftsbibliothek von Baumgarten die Schrift „*Speculum sacrum de vitae humanae brevitate, vanitate et inconstantia, München 1613 bei Nik. Heinrich*" und einen „*Neuen geistlichen Spiegel, München 1615*", ebenfalls bei HEINRICH gedruckt.

Wegen anhaltender Kränklichkeit wurde WOLFGANG LINDNER im Jahre 1622 seiner Stellung an der Lateinschule zu Steyr enthoben und bis zu seinem Tode um 1625 auf Kosten des Benediktinerstiftes Garsten gepflegt und betreut.

Seine zunehmende Altersschwäche machte sich bereits im letzten Teil der „Annalen" nicht nur in der sinkenden Qualität des Lateins, sondern auch in der häufigen Verworrenheit der Anordnung und auch schon früher aufgetretenen Wiederholungen recht deutlich bemerkbar. Zudem entging ihm, daß Nachträge mit ursprünglichen Aufzeichnungen an anderer Stelle mitunter im Widerspruch standen. Der Gesamtwert WOLFGANG LINDNERs „Annalen" als einer bedeutenden Quelle zur Geschichte Oberösterreichs und der Witterungsgeschichte dieses Gebietes wird aber durch die aufgezeigten Mängel in keiner Weise gemindert.

Das Originalmanuskript der LINDNERschen „Annalen" wurde von zwei Melker Benediktinern, den Brüdern HIERONYMUS und BERNHARD PEZ im Jahre 1715 auf einer Reise, die den unbekannten Schätzen der oberösterreichischen Bibliotheken galt, in der Stiftsbibliothek Garsten ermittelt und den beiden Gelehrten und Mitbrüdern von dem damaligen Stiftsbibliothekar P. OLDEPHONS KIPPERS bereitwillig zur Anfertigung einer Abschrift überlassen. Diese wurde dann von dem Melker Benediktiner P. ANDREAS

GARTNER in der Zeit von etwas mehr als einem Jahr besorgt und in einer dreiwöchigen Arbeit nahm anschließend P. HIERONYMUS PEZ mit ihm die Kollationierung vor.

Der Historiker P. HIERONYMUS PEZ hatte die Absicht, WOLFGANG LINDNERS Annalenwerk zusammen mit anderen Quellen als den Band IV seiner *„Scriptores Austriacarum veteres ac genuini"* zu publizieren, eine Absicht, die nicht realisiert werden konnte, da nur die ersten drei Bände in den Jahren 1721-1725 erschienen. Der druckfertige Band IV mit LINDNERs „Annalen" blieb bedauerlicherweise in der Stiftsbibliothek zu Melk als Manuskript mit der Nr. 1000 ungedruckt liegen. In dieser Handschrift füllen LINDNERs „Annalen" die Blätter 60-516.

Am Anfang unseres Jahrhunderts machte der Melker P. VENZENZ STAUFER den Historiker Prof. Dr. E. FRIES in Seitenstetten und dieser wiederum Dr. KONRAD SCHIFFMANN auf die Gartnersche Abschrift der inzwischen spurlos verschollenen LINDNERschen „Annalen" und den nicht veröffentlichten Band IV der „Scriptores Austriacarum" von P. HIERONYMUS PEZ aufmerksam. Während E. FRIES einzelne Teile dieses Materials für seine Werke über Waidhofen an der Ybbs, Garsten und den niederösterreichischen Bauernkrieg verwendete, gab K. SCHIFFMANN mit Unterstützung des Melker Stiftsbibliothekars Dr. RUDOLF SCHACHINGER im Jahre 1910 *„Die Annalen des Wolfgang Lindner von 1590-1623"* im „Archiv für die Geschichte der Diözese Linz" heraus. Er hielt sich dabei genau an die verfügbaren Unterlagen, verwendete indessen statt der angegebenen vielen Titulaturen die heute gebräuchlichen Abkürzungen.

Die in LINDNERs „Annalen" eingestreuten Witterungsangaben zeichnen sich durch sehr exakte Berichte besonderer Wettergeschehnisse aus, deren Auswirkungen die Bevölkerung des Landes unmittelbar oder mittelbar trafen. Sie gewinnen zudem durch die Vergleichsmöglichkeiten mit den regelmäßigen täglichen meteorologischen Beobachtungen, die JOHANNES KEPLER von 1612-1626 in dem nahegelegenen Linz durchgeführt hat, noch zusätzlich an Bedeutung.

In der Tabelle 14 sind WOLFGANG LINDNERs Witterungsaufschreibungen von 1590-1622 in deutscher Übersetzung nach K. SCHIFFMANN enthalten.

Tabelle 14:
WOLFGANG LINDNERs Witterungsaufzeichnungen von 1590-1622 in deutscher Übersetzung nach den von K. SCHIFFMANN publizierten „Annalen, Linz 1910".

Waidhofen:

1590: Auf einen strengen Winter mit Schnee und starker Kälte (ab Anfang Nov.) folgen im März Überschwemmungen. Schlechte Ernte. Erdbeben am 30. Juni sowie im August und September. Im Sommer große Hitze mit Trockenheit und Waldbränden. Der Wein ist schon im September reif, es gibt eine gute Weinernte.

1591: Getreidenot vom Vorjahr her. Starker Frost vom Jahresanfang bis März, gute Getreide- und Weinernte.

1592: Angenehmer Winter. Um Georgi (24. 4.) sind fast in ganz Österreich „chasmata" und Wunderzeichen am Himmel bzw. in der Luft gesehen worden. Lindner sieht selbst den Himmel als würde er brennen und kurz darauf sich wieder verfinstern. Diese Himmelserscheinung dauerte fast die ganze Nacht. Im Juli gibt es viel Regen mit Überschwemmungen, die Ernte verzögerte sich.

1593: Gute Weinernte.

1594: Am 20. 5. Wind, Kälte und Schneefall; das Getreide, das schon vielfach in Blüte steht, wird aber dadurch nicht geschädigt, es gibt eine gute Ernte wie im Vorjahr und im kommendem Jahr.

1595: Die im November 1594 begonnene Kälte hält bis März an, Überschwemmungen.

1596: Fast den ganzen Jänner hindurch frühlingsmäßig, jedoch im Februar starke Kälte. Am 26. 4. Himmelserscheinung, der Himmel scheint teilweise zu brennen. Im April warme Witterung, die Ähren sprossen schon aus den Halmen, was sonst erst im Mai vorkommt. Auch der Mai besonders warm, ein überaus fruchtbares Jahr. Auch die Weinernte ist gut, aber nicht übermäßig reich.

1597: Wiederum im Februar große Kälte.

1598: Im Jänner dichter Schnee, die starke Kälte hält bis März an, doch wird es in diesem Monat schon mild und frühlingsmäßig. Mitte August starker Regen, Überschwemmungen wie seit Jahren nicht: Auf eine Überschwemmung folgt nach acht Tagen eine neue, die die Brücken in Steyr zerstört.

1599: Am 6. Jänner viel Schnee, die Kälte hält auch im Februar an. Anfang März sind zu Waidhofen an der Ybbs nachts bei klarem Himmel durch mehrere Tage fliegende Feuer und brennende Kugeln am Himmel gewesen. Der April war sehr warm, die Bäume blühen, auch der Mai sehr schön. Ein fruchtbares Jahr. Die Ernte bereits im Juli, die Weinlese im Sept. überaus reich. Im Sommer und Herbst eine große Zahl von Wespen und Hornissen, die aber in der starken Winterkälte – im Dezember einsetzend – zugrunde gehen.

1600: Der Jänner wechselnd, der Februar sehr kalt, der März wechselnd. Am 12. 4. noch viel Schnee in der Nacht und starker Frost, am 24. 4. starker Schneefall, der Schnee bleibt drei Tage liegen; Schaden an den Bäumen! Im Juni nach langen Regenfällen Hochwasser. Wegen des unbeständigen und kalten Sommers wenig und schlechter Wein. Schon am 24. 10. starker Schneefall und Kälte, doch taut der Schnee nach wenigen Tagen. Vor dem 11. 11. wieder Schneefall und Kälte, doch – wie das Sprichwort sagt – bleibt Schnee vor Martini nicht liegen. Dies bewahrheitet sich auch in diesem Jahr, denn am Ende des Monats Nov. sah man keine Spur mehr davon. Im Dezember beginnt starke Kälte, die Flüsse frieren zu und ein.

1601: Der rauhe Winter hält im Jänner und Februar an, weicht erst im März. Juli und August sind schön, die Ernte kann gut eingebracht werden. Ende September folgt nach kaltem Regen sogar Schnee, der Wein ist schlecht. Der November beginnt kalt, um Katharina (25. 11.) verstärkt sich der frühzeitige Frost, es bleibt bis zum Jahresende kalt.

1602: Das Jahr beginnt besser als es endet. Die Weinernte schien auch besser zu werden, doch bringt die Nacht vor Philipp und Jakob (1. 5.) starke Kälte. Am 22. 5. Schneefall in den Bergen. Schon im Monat Oktober schneit es in den Bergen wieder, der Nov. ist abwechselnd warm und regnerisch, manchmal fällt Schnee.

Steyr:

1603: Der Jänner kalt, der Schnee für den (Schlitten-) Verkehr gut. Von Ende Februar an frühlingsmäßig mild. Ein reiches Jahr mit warmem Herbst.

1604: Der Winter ist unbeständig: noch 1603 ist viel Schnee gefallen, doch folgte auf starke Kälte bald wärmeres Wetter, Dez. und Jänner waren gemäßigt. Am 14. 2. stürmisch und kalt, Ostwind. Am 13. 5. richtet die Überschwemmung von Enns und Steyr nach starken Regenfällen großen Schaden an, am 6. 7. stören Regen und Überschwemmung die Ernteeinbringung.

1605: Im Jänner ist es nicht besonders kalt, vom 6.-12. 8. regnet es ständig, die Brücken in Steyr stehen unter Wasser, sie werden erst im Nov. wiederhergestellt. Im Nov. eine Himmelserscheinung („horrenda casmata").

1606: In der Silvesternacht starker Schneefall, kurz darauf große Kälte, die bis März dauert. Im Juni ist die Venus fast den ganzen Monat an klaren Tagen nachmittags der Sonne folgend zu sehen. Das Monatsende bringt nach langem Regen Hochwasser. Am 27. 7. Überschwemmung, die viel Holz wegreißt. Die Kälte war so hart, daß sie oft in der Mitte des Winters milder ist. Der Ofen stand nicht weniger im Ansehen als im Winter. Hingegen waren die letzten Tage des Monats Dezember so warm, wie manchmal um Johanni (24. 6.).

1607: Der 25. 3. bringt bei starker Kälte Schnee und Eis, die Äste der Bäume brechen unter der Last. Die Kälte dauert bis Monatsende. Am 7. 4. stehen die Bäume in Blüte, doch zerstört ein starker Reif fast alles. Der 13. 4. ist kalt, starker Wind. Es fehlt nur der Schnee, sonst könnte man glauben, der Winter wäre zurückgekehrt. Der Rest der Blüten wird zerstört. Am 27. 7. „in congressu stellae Martis cum sole in Leone" nach großer Hitze Unwetter von 3–6 Uhr am Nachmittag: Häuser werden abgedeckt, Bäume entwurzelt, das Getreide weggetragen. Auch in Böhmen, Bayern usw.! Der August bringt Schaden durch Hochwasser in Steyr, Garsten und unter dem Himmel. Am Monatsende erscheint die Sonne mehrere Tage wie blutig. Ende September ist beim linken Fuß des Bären ein Komet zu sehen. Am 6. 12. ein ungewöhnliches Donnerwetter mit großem Krachen, danach bedeckte dichter Schnee die Erde.

1608: Strenge Kälte von Jahresanfang bis März, hingegen war es zu Weihnachten so warm, daß man barfuß gehen konnte.

1609: Die Ernte nach langen Regenfällen und Stürmen schlecht, der November kalt und regenreich, auch durch Ostwinde ungemütlich. Raupenplage in den Jahren 1609, 1610 und folgende.

1610: Am Jahresanfang ein ungewöhnliches Hochwasser durch Auftauen des dichten Schnees. Ein starker Westwind am 23. Jänner entwurzelt Bäume und deckt Dächer ab. Der Februar sehr kalt und windig, die Kälte dauert im März noch an. Am 7. 8. nach langen Regenfällen Hochwasser. Der Dezember beginnt regnerisch und unbeständig, bringt dann durch einige Tage große Kälte.

1611: Am 10. Jänner ungewöhnliches Hochwasser, am Ende des Monats starke Kälte. Am 1. 5. gehen Wein und Früchte zum Teil zugrunde, um Pfingsten, 22. 5., ist es kühl, starker Regen Tag und Nacht verhindert die Prozession mit Kreuz und Fahnen. Nach der Fronleichnamsprozession am 2. 6. gleichfalls wieder Regen. Ein Gewitter am 20. 6. zwischen 2–3 Uhr nachmittags nahe bei Steyr bewirkt Brände. Die große und andauernde Hitze im Juli läßt die Früchte auf den Feldern leer wachsen. Am 3. 8. Unwetter mit hühnereigroßen Schloßen, am nächsten Tag starker Wind, der Sept. stürmisch, regnerisch und kühl.

1612: Der Ende Dezember 1611 begonnene starke Frost dauert bis zum 8. 1., dann setzt von Anfang Febr. bis in den März eine fast unerträgliche Kälte ein, ja das ganze Jahr, besonders der Herbst war kühl und unfreundlich. Am 9. 10. hindert ein starker Regen die Weinernte, auf den Bergen in der Nähe sieht man schon Schnee.

1613: Jahresanfang ohne Schnee aber mit Regen. Am 3. Tag Sturm, dann frühlingsmäßige Witterung wie oft im Mai nicht. Erst der März bringt in Menge, was der Jänner hätte bringen sollen. Große Kälte. Starker Wind zu Martini 11. 11. macht großen Schaden.

1614: Am Jahresanfang 1614 bedeckt dichter Schnee die Erde, die folgende Kälte hält bis im Jänner an, ja dauert bis zum 25. 3. Noch in der Osterwoche (23.–30. 3.) fahren viele Schlitten. Am 6. 5. bei der Prozession Regen. Anfang August erscheint die Sonne ganz rot und blutig. Am 13. 8. nächtlicher Regenguß in Leichberg. Die intensive Kälte im Dezember verdient nur Erwähnung, da in den vergangenen Jahren zu dieser Zeit oft große Milde herrschte.

1615: Jänner und Februar kalt. Am 20. 2. in Steyr und Garsten ein Erdbeben zu spüren. Am 22. 2. verursachte ein starker Wind Schaden. Mitte Mai rauh, zuerst starke Winde, dann kalter Regen, in den Bergen Schnee. Getreidenot. Dichter Reif am 16. 3. vernichtet die Blüten an den Bäumen. August wechselnd, starker Wind verursacht Schaden an Bäumen und Früchten. Große Hitze. Viele Eicheln. Am 21. 10. durch 8 Tage sehr starker Wind, der auch den Schiffsverkehr auf der Donau so stark behindert, daß die Schiffe am Ufer anlegen müssen. Besonders die Kaufleute, die zum Jahrmarkt nach Krems fahren, sind davon betroffen.

1616: Große Schneemenge bedeckt Erde, Felder und Berge, doch löst eine einzige Nacht mit warmem Regen am 13. 1. alles auf. Starke Kälte um den 20. 1., die sich erst Mitte Februar mildert. Ende April warm und schön, so daß am 1. 5. die Bäume blühten und die Getreidehalme hervorsahen. Dichter Reif am 6. 5. schadet dem Wein sowohl hier als in Unterösterreich. Neuerdings am 12. 5. wird das in Blüte stehende Getreide durch Reif beschädigt. Örtliche Unwetter in St. Martin, Neukirchen und Sterning. Große Hitze Anfang Juni, Trockenheit durch mehrere Wochen hindert das Wachstum. Die Ernte konnte schon im Juni beginnen. An solch einen frühen Erntebeginn kann sich niemand erinnern, alle Winterfrüchte können vor Anfang Juli in die Scheune gebracht werden. Gerste und Hafer werden im Juli geerntet, was sonst bis Ende August dauert. Ein Blitzschlag am 6. 7. verursacht Feuer, ebenso am 15. und 16. 7. Um Bartholomäi (28. 8.) findet man schon reife Weintrauben. Am 12. 9. sammelt sich eine ungeheure Schwalbenmenge zum Abflug, die am nächsten Tag verschwunden ist. Durch die gute Ernte niedriger Getreidepreis. Große Obsternte, aber auch Viehseuche.

1617: Anfang Jänner liegt schon Schnee, der sich aber nach vielen Regenfällen auflöst. Zwischen 9. und 19. 1. tagsüber Frühlingswetter, am Morgen Reif. Am 3. 3. – sonst im April – werden schon süß duftende Veilchen in den Gärten gefunden. Im April kann von mittags bis abends die Venus von vielen gesehen werden. Im Winter war kein Schnee, aber um den 22. 4. solch ein Schneefall, daß nicht nur die Berge, sondern auch die Felder und Wiesen bedeckt sind. Schaden an den Blüten, das blühende Getreide wurde zu Boden gepreßt. Ein Blitzschlag am 18. 8. schleudert einen Mann zu Boden, der immer den Satz: „Blitz und Donner mögen dich treffen" im Munde führte. Am 6. 9. flog ein Storch – „insolita avis in his locis" – über die Stadt. Das sonst ziemlich fruchtbare Jahr ist durch den späten und dann wieder frühen Schneefall bemerkenswert. Am 12. 9. ist in den nahen Bergen schon Schnee zu sehen.

1618: Der Jahresanfang bringt große Kälte, die sogar das Zufrieren der Enns bei Steyr bewirkt, nach dem 19. 1. mildert sich diese, bald darauf fällt dichter Schnee. Nach dem 28. 1. verschärft sich die Kälte, doch hilft der Schnee bei der Holzeinbringung. Nach starker Kälte setzt erst um den 25. 2. frühlingsmäßiges Wetter ein. Der Palmsonntag (8. 4.) ist sehr mild, am 26./27. 4. neuerdings starker Schneefall und Schaden an den Bäumen, trotzdem große Fruchtbarkeit beim Getreide. Am 17. 6. stören drohende Regenwolken die Prozession am Sonntag nach Fronleichnam nicht. Am 3. 7. fällt viel Regen. Bäume und Sträucher haben im Frühjahr durch Schnee und Frost die Blüten verloren. Auch der Weinernte wurde Schaden zugefügt.

Große Mengen an Pflaumen. Ende November ist zwischen 3 und 4 Uhr früh ein Komet beim Schützen (prope Arcturum) zu sehen. Er bleibt bis zum Jahresende, verbreitet viel Schrecken. Am 6. 12. starke Kälte, bei klarem Himmel kann der Komet morgens im Sternbild der Waage gesehen werden. Am 12. 12., einem nebligen Tag, erschienen dennnoch „plurima fulgetra" (Wetterleuchten).

1619: Der Frost, der im Vorjahr durch einige Tage besonders grimmig war, mildert sich am Jahresanfang. Der Jänner bringt andauernden Regen mit Überschwemmungen, teilweise durch den Regen, teilweise durch den tauenden Schnee; danach für einige Tage frühlingsmäßiges Wetter. Am 27. 1. fällt starker Schnee, wenige Tage später folgt starker Frost, der auch in den Februar hinein anhält. Dann wechselndes Wetter: Winde, Wolken, Regen, Frost, auch frühlingsmäßig heiteres Wetter. Ende Februar fällt wiederum viel Schnee, worauf Frost folgt. Im April wechselt ein mildes Wetter mit Frost, Schnee, Regen und Eis, am Monatsende erscheint die Sonne rot wie Blut. Am 5./6. 5. solche Kälte, daß es manchmal im tiefsten Winter besser ist. Der Morgenfrost am 17. 5. verursacht Eis auf den Wasserlachen und schadet der Baumblüte, der Frost am 23. 5. den Weinstöcken. Im Juni große Hitze, das Gemüse ist fast ausgetrocknet und verbrannt. Bei der reichen Kirschenernte brechen sich viele Leute die Knochen. Am 22. 7. starker Wind in der Nacht. Um diese Zeit dauernder Regen, wodurch nicht nur die Flüsse steigen, sondern auch die Ernte behindert wird. Im September wiederum Regen. Um den 3. Adventssonntag (15. 12.) Schnee in Menge, bald darauf durch Regen und Wärme wieder aufgelöst. Am 21. 12. ist in der Frühe um 2 Uhr „maxima eclypsis" zu sehen.

1620: Erst um den 17. 1. beginnt der scharfe und intensive Frost wieder, vom 27. 1. an folgen einige warme Tage wie im Hochsommer. Ab 25. 2. neuerdings durchdringende Kälte. Am 1. 3. konnten die Leute nicht bei der Predigt ausharren, der Kapuziner mußte diese abbrechen. Der Anfang des Monats April war »juxta antiquam observationem" unbeständig, stürmisch, kühl und eisig. Am 6. 5. bewirkt der Reif bei Steyr Schaden an der Baumblüte, am 15. 5. war es so kalt und stürmisch wie mitten im Winter, am 16. 5. schadet dichter Reif den Weinreben und Früchten sehr. Am 3. 6. war eine Himmelserscheinung zu sehen, eine große Feuerkugel, die herabstürzte. Im Juni viele Unwetter, in manchen Orten schien der jüngste Tag angebrochen. Große Steine wurden heruntergeschleudert, die Obstbäume stark beschädigt. In Wien regnete es am 18. 5. Schwefel! Am 26. 6. nach andauernden Regenfällen große Überschwemmung, am 29. 6. eine Himmelserscheinung über dem Dach des Prädikantenhauses. Die Julimitte war für die Ernte ungünstig: kühl, regnerische und stürmische Tage; Ernte erst spät eingebracht. Am 6. 9. ein Unwetter, zuerst riß der Wind Bäume und Äste um, dann fiel Hagel, so daß man noch nach drei Tagen viele Schloßen fand. Das Unwetter begann um 2 Uhr nachmittags und währte nur eine Stunde. Um den 13. 9. unbeständiges Wetter, Kälte, Regengüsse, stürmische Winde. Der ganze Monat ähnelt dem unbeständigen April. Auch der Oktober begann kühl, stürmisch, regnerisch, ja mit Schnee und Reif. Ende November war es kalt, Schnee und Eis ergaben ein winterliches Wetter. Am 18. 12. lösten den ziemlich dichten Schnee andauernde Regenfälle sowie warme Winde auf, eine Überschwemmung folgte.

1621: Der Jahresanfang war unterschiedlich. Zuerst beinahe frühlingsmäßig ohne Schnee, heiter und ohne Eis, sowohl bei Tag als bei Nacht. Um den 6. 1. begann eine ziemlich harte Kälte, aber ohne Schnee, die jedoch nicht lange andauerte. Um den 20. schien es, als hätte der Frühling seinen Einzug gehalten. Um den 24. fiel leichter Schnee, gefolgt von schrecklicher Kälte, die auch in den folgenden Monat hinüberreichte. Die Enns war einige Tage ganz zugefroren. Am 6. 2. waren in der Frühe zwei Sonnen zu beobachten, doch war dies nichts anderes als ein „repercussio radiorum in acre sispersorum"; dies deutete wohl auf den böhmischen König, der dann dem wahren Herrscher Ferdinand weichen mußte. Am 14. 2. dauert die Kälte noch an, es fällt Schnee, besonders stark am 19./20., ungewöhnlicher Wind und überaus starke Luftbewegung. Erst gegen Ende Februar löst sich das Eis von Steyr und Enns auf. Der März beginnt mit frühlingshaftem Wetter, doch friert das stehende Wasser noch in der Nacht. Um den 15. 3. klare Tage, doch nachts Frost und Reif. Am 27. waren wieder „chasmata et prodigia" am Himmel zu sehen. Karsamstag und Ostersonntag war Schneewetter, es regnete aber auch, doch blieb es kühl, am 15. 4. dichter Reif. Der April „more suo se gessit": unbeständig, kühl, starke und kalte Winde, besonders vor Sonnenaufgang. Zu Pfingsten (30. 5.) war es auch bei Tag so kalt wie mitten im Winter. Im Juli war die Witterung unbeständig. Regengüsse bewirkten Schaden an Äckern und Weingärten. Am 12. 9. waren in ganz Oberösterreich „chasmata" zu sehen: Strahlen von Osten, Westen und Norden schienen sich zu bekämpfen wie gegnerische Heere. Die Nacht war klar und hell wie bei Vollmond, obwohl der Mond tatsächlich am Ende des Abnehmens war. Um den 21. 9. wurde bei Steyr in den Bergen Schnee gesehen. Unbeständige Witterung: einige Tage kalt, wie oft mitten im Winter nicht. Vor dem 15. 11. verstärkt sich die Kälte, einige Tage starker Ostwind, auch Reif. Um den 2. 12. sehr kalte Tage, ohne Schnee mit starkem Reif, schon vor Weihnachten große Kälte, weshalb nur eine kurze Predigt in der Kirche gehalten wird. Das Jahr schließt mit einer durchdringenden schneidenden Kälte.

1622: Am Jahresanfang sehr kalt, auch der Rhein soll zugefroren gewesen sein, so daß man zu Speyer hinübergehen konnte. Am 9. 2. zwischen 8 und 9 Uhr vormittags waren drei Sonnen zu sehen und zwei Regenbogen. Ende Februar große Überschwemmung der Steyr durch Schneeschmelze und andauernden Regen. Der März war wohl frühlingsmäßig, doch brachte er auch Reif. Um den 6. 3. starker Wind. Am Palmsonntag (20. 3.) große Kälte, zu Ostern (27. 3.) stürmisch und trüb. Der Juli war regnerisch, so daß zum Teil die Ernte behindert wurde. Es war trotzdem ein fruchtbares Jahr. Am 12. 7. konnte man erst mit der Ernte beginnen. Auch im August störten dauernde Regenfälle die Feldarbeit. Am 10. 10. wird bei Steyr in den Bergen Schnee gesehen. Es ist sehr kühl. Besonders Rüben und Kohl werden in großer Menge geerntet. Um den 20. 10. stürmische Winde an hochgelegenen Orten.

Literatur: (15), (45), (47), (48), (56), (57), (61), (68).

2.15 Witterungsbeobachtungen (Gewitter) in Kitzbühel von 1594–1735.

Beobachter: AINNZINGER von 1594–1610,
ANDREAS KOIDL von 1610–1656,
Unbekannte von 1656–1735.

In seiner Dissertation, Wien 1951 hat N. WANIEK über eine in ganz besonderer Weise ausgebildete „Wetterfürsorge" im Gebiet der Bergstadt Kitzbühel in Tirol referiert. Nach einer ausführlichen Schilderung über den Ursprung des Glaubens, den das Volk in den Alpenländern noch heute der Beschwörung drohender Gewitter- und Wetterstürme durch Wetterkreuze, Wetter- und Alpensegen, Bitt- und Wallfahrten sowie durch die Gewalt der Kirchenglocken entgegenbringt, schrieb er:

„Wir stoßen hier – in Kitzbühel – auf eine Einrichtung, die als die älteste Wetterstation in den Alpen, ja in ganz Europa bezeichnet werden kann; sie ist zu Ausgang des 16. Jahrhunderts bereits nachweisbar und – mit geringer Unterbrechung während der josephinischen und bayerischen Zeit Tirols – über 300 Jahre bis etwa 1815 lückenlos im Gange geblieben. Einen wissenschaftlichen Charakter besitzt sie freilich nicht, denn am Tage ihrer Gründung war weder das Thermo- noch Barometer erfunden und die wechselnde Windrichtung zeigte auch niemand an, als der Hahn auf dem Kirchturm. Aber eine richtige und verläßliche Wetterbeobachtungsstation war es doch."

Die Bezeichnung: „älteste Wetterbeobachtungsstation in den Alpen, ja in ganz Europa", die N. WANIEK an anderer Stelle wiederholt, ist in dieser Formulierung überspitzt und nicht haltbar. Gleichwohl soll und kann aber der Tätigkeit der Beobachter, die seit 1594 die Aufgabe erfüllten, die Bewohner der Stadt Kitzbühel rechtzeitig vor aufkommenden Gewittern zu warnen, der tatsächliche Wert nicht abgesprochen werden.

Kitzbühel wurde zuerst im Jahre 1165 urkundlich erwähnt – ein Marchwardus de Chizbuhel fungierte als Zeuge – und schon 1271 als „oppidum" bezeichnet. Im Jahre 1338 bestätigte Kaiser LUDWIG DER BAYER (1282–1347) die 1331 von Landshut erfolgte Verleihung des Stadtrechtes, aber erst 1444 erscheint an der Spitze des schon 1378 erwähnten Stadtrates statt des herzoglichen Richters ein Bürgermeister und eine Zusammenfassung der Freiheiten der Stadt in 35 Artikeln. Eine Marktordnung erhielt Kitzbühel 1353/54, d. h. während der Epoche, in der die Stadt zu dem Wittum der Gräfin von Tirol MARGARETHE MAULTASCH (1318–1369) gehörte und wenig später erlangte der Ort die Landstandschaft. Nach dem endgültigen Übergang an Tirol im Jahre 1504 war Kitzbühel seit 1506 an den Erzbischof MATTHÄUS LANG von Salzburg und dessen Erben verpfändet und wurde 1639 Lehen der Grafen LAMBERG. Auf dem Aufschwung des Bergbaues im 16. und 17. Jahrhundert basierte die zweite Blütezeit Kitzbühels. Die im Jahre 1180 erstmals genannte St. Andreaskirche war bis 1435 – damals wurde der Bau der neuen Kirche begonnen und ein Vikar eingesetzt – von der Altpfarre St. Johann abhängig.

Es besteht Grund zu der Annahme, daß die im Jahre 1594 erfolgte Einrichtung eines Beobachtungspostens zur Warnung vor Gewittern nicht zuletzt durch die Schäden veranlaßt wurde, von denen die Kitzbüheler Gotteshäuser in den letzten Jahrzehnten des 16. Jahrhunderts betroffen worden waren. In den Jahren 1571 und 1573 zerstörte der „Wind" das Dach des Pfarrturmes, und 1581 vernichtete das „Feuer", worunter offenbar der Blitz zu verstehen ist, das Mesnerhaus vollständig.

Zu der Lage der fraglichen Wetter- bzw. Gewitterbeobachtungsstation ist bekannt, daß sie sich auf dem Hof zu Taurn, einem Zinslehen der St. Andreaskirche zu Kitzbühel, befand. Von mäßigem Umfang, lag der Hof auf dem äußersten Vorsprung des „Wilden Hag", eines Bergkammes, der von dem aussichtsreichen Kitzbühelerhorn in das Leutental reicht. Er unterschied sich kaum von anderen Bauernhöfen des Unterinntales, hatte aber an der Vorderseite eine Galerie mit einem Holzverschlag gegen den auf solch vorgeschobenem Posten stets ungestümen Wind.

N. WANIEK erläuterte hierzu weiter: „Die Lage war für eine meteorologische Station ganz ausgezeichnet: der Hügel mit der St. Andreä-Kirche lag sozusagen schräg vor der Nase am jenseitigen Bachufer, der Fernblick auf die Tauernwelt, die ihm den Namen geschöpft, schien unbegrenzt und ebenso der Blick in die Talweite links, von der Salve bis zu den blauen Bergen des Unterinntales, rechts über das Sölland zu den schroffen Zacken und Zinnen des Kaisergebirges."

Durch Angaben in Rechnungen der Kirchenpröpste Hans Resch und Hans Perglenter der St. Andreas- und der Liebfrauenkirche vom Jahre 1594 kann der Bauer AINNZINGER als erster Beobachter bei der Wetterwarnstation auf dem Hof zu Taurn nachgewiesen werden: „Dem AINNZINGER zu Taurn verehrt wegen des Hochwetters 15 kr." und im Jahre 1596 heißt es noch präziser: „Dem AINNZINGER zu Taurn, daß er auf die Hochwetter Achtung gebe, bezahlt 18 kr."

Diese Fakten interpretiert N. WANIEK wie folgt: „Damit ist deutlich bezeugt, daß man in Kitzbühel jedenfalls seit 1594, wenn nicht schon früher, aus öffentlichen Mitteln einen Mann besoldete, der obwohl nicht Mesner noch Kirchendiener, die Verpflichtung eingegangen hatte, die aufsteigenden Hochgewitter zu registrieren. Es ist daher unzweifelhaft: der Bauernhof zu Taurn war ein Wetterbeobachtungsposten während des Hochsommers, eine Meteorologische Station in den Alpen und der Herr AINNZINGER der erste bezahlte Wetterbeobachter oder Meteorologe Tirols. Gut dotiert war der Posten freilich nicht, denn für 15 bzw. 18 kr Gehalt erhielt man in Kitzbühel auch 1594 oder 1596 nur ein Patzeichen Wein, oder eine junge Ziege. Es war ein Nebeneinkommen, aber ein solches, das von Jahr zu Jahr weiterging, denn diese Zahlungen hören nun nicht mehr auf und beweisen, daß die Gewitterbeobachtung unentwegt ihren Fortgang nahm. AINNZINGER selbst war bis 1610 in Amt und Würden."

Wie schon erwähnt, kann der Beobachtungsposten auf dem Hofe zu Taurn, der lediglich die Aufgabe hatte, drohende Hochgewitter rechtzeitig anzuzeigen, keineswegs als „älteste Wetterstation in den Alpen" geschweige denn in ganz Europa deklariert werden. Völlig verfehlt ist es ferner, den ehrsamen Bauern AINNZINGER als den „ersten Meteorologen Tirols" zu bezeichnen, wenngleich er ohne Zweifel der erste bezahlte Wetterbeobachter Tirols war.

Unabhängig von der Kitzbüheler Gewitterbeobachtungsstation wurde vermutlich dennoch eine der ersten wirklichen meteorologischen Stationen, bei der die neu entwickelten Meßinstrumente Verwendung fanden, in Tirol und zwar im Jesuitenkolleg zu Innsbruck eingerichtet. Sie entstand im Rahmen des ersten meteorologischen Beobachtungsnetzes, das von der durch den Großherzog FERDINAND II. von Toskana (1610–1670) gegründeten „Accademia del Cimento" konzipiert und von dem Jesuitenpater LUIGI ANTINORI von Florenz aus aufgebaut und geleitet wurde. Allerdings sind die Innsbrucker meteorologischen Beobachtungen aus dem Jahre 1654, falls sie tatsächlich ausgeführt wurden, verloren gegangen.

In welcher Weise die Meldung aufkommender Hochgewitter nach Kitzbühel erfolgte, konnte erst im Jahr 1632 definitiv festgestellt werden, als Ainnzingers Nachfolger ANDREAS KOIDL Inhaber des Taurnhofes war. Es heißt nämlich in der fraglichen Rechnung: „Zu Taurn umbwillen der im Sommer hergeenden weter (auf die er) achtung gibt und ain Tuech zu ainem Zeichen heraushengt, sein bestimbte Ehrung, zalt 45 kr."

Es war also ein optisches Signal – unter „Tuech" ist vermutlich eine weithin sichtbare „Fahne" zu verstehen – welches dem Mesner von St. Andreä in Kitzbühel und den Amtsgenossen im Umkreise der Stadt bevorstehende Stürme und Gewitter ankündigte. Das „Wettertuech" erschien fortan als ständige Ausgabenrubrik in den Rechnungen der Kirchenpröpste. Entsprechend dem sich wandelnden Geldwert erhöhten sich natürlich auch die Entlohnungen für den Beobachter ANDREAS KOIDL, der im Jahre 1656 starb. Im Jahre 1649 wurden ihm z. B. insgesamt 1 fl. 30 kr. gezahlt. Der letzte fällige Betrag wurde „ganz bezeichnend seiner hinterlassenen Witwe für das Wödertuech behändigt".

Nach dem Tode ANDREAS KOIDLs wurde die Tätigkeit des Gewitterbeobachters auf dem Hof zu Taurn seit 1656 von unbekannten Bauern fortgesetzt. Eine entsprechende Anfrage bei der Propstei der St. Andreaskirche zu Kitzbühel nach den Namen dieser Beobachter blieb leider ohne Resonanz.

Im übrigen ist zur weiteren Geschichte der Kitzbüheler Gewittermeldestelle bekannt, daß sie in dem Zeitraum von 1736–1770 aus unbekannten Gründen vom Tauernhof auf das „Alpele am Wilden Hag" und anschließend auf den Hof zu „Adla oder Adlern" verlegt wurde, jedoch in der Zeit von 1771–1782 zum Tauernhof zurückkam. Nach einer Unterbrechung während der Regierung

Kaiser JOSEPHs II. (1741-1790) in den Jahren 1783-1790 lebte die Beobachtungsstation auf dem Tauernhof aber wieder auf, bis unter der bayerischen Regierung von Tirol, wie es N. WANIEK formulierte, „das Observatorium am Wilden Hag, beiläufig 1814, gänzlich einging".

Der Hof zu Taurn besteht heute nicht mehr. Die Beobachtungs- bzw. Meldestation, von der, abgesehen von der erwähnten Unterbrechung, in dem außerordentlich langen Zeitraum von 1594-1814 die Warnungen vor drohenden Hochgewittern ausgingen, wurde – Ironie des Schicksals – am Schutzengelsonntag 1907 selbst vom Blitz getroffen und sank in Asche. Nur noch einige Spuren der Grundmauern und ein neu errichtetes Heustädelchen künden von der Stätte, an der sich nach N. WANIEKs Auslassungen die „erste meteorologische Station Tirols" befand.

Als ein Beispiel spezieller „Wetterfürsorge" im Lande Tirol in den Zeitspannen von 1594-1782 und 1791-1814 muß die Kitzbüheler Gewittermeldestelle in der Geschichte der Meteorologie Österreichs so gewürdigt werden, wie sie es verdient.

Literatur: (28), (72).

2.16 Witterungsaufzeichnungen von 1604 in Prag und von 1617-1626 in Linz.

Beobachter: JOHANNES KEPLER.

In der langen Reihe der meteorologischen Beobachter in Österreich während der vorinstrumentellen Ära nimmt JOHANNES KEPLER einen hervorragenden Platz ein. Allerdings hat die auch auf den vielen Reisen ununterbrochene Reihe regelmäßiger täglicher Witterungsaufzeichnungen JOHANNES KEPLERs, des Mathematikers und Hofastronomen der deutschen Kaiser RUDOLPH II. (1552-1612), MATTHIAS (1557-1619) und FERDINAND II. (1578-1637) keineswegs immer die gebührende Beachtung gefunden. Im Verhältnis zu den immensen wissenschaftlichen Leistungen JOHANNES KEPLERs mußten seine Witterungsbeobachtungen in der Tat um so mehr als unbedeutend und nebensächlich erscheinen, da der Stellenwert der frühen meteorologischen Beobachtungen als wesentlicher Beitrag zur Witterungsgeschichte erst relativ spät anerkannt wurde. Bekanntlich ließ der sehr häufig erkennbare Einfluß der Astrologie das überlieferte frühe Beobachtungsmaterial der seriösen Wissenschaft als suspekt erscheinen.

G. HELLMANN urteilte über JOHANNES KEPLERs meteorologische Arbeit im Jahre 1901 wie folgt:

„Wenn KEPLER auch kein eigentliches meteorologisches Werk hinterlassen hat – die kleine Neujahrsgabe: „Strena sive de nive sexangula, Francof. 1611" ausgenommen –, so geht doch aus seinen übrigen Schriften, namentlich aus seinem Briefwechsel zur Genüge hervor, daß er sich vielfach mit meteorologischen Fragen eingehend beschäftigt hat. Zur Anstellung von Witterungsbeobachtungen ist er wahrscheinlich durch die Herausgabe seiner jährlichen Prognostica veranlaßt worden, in denen er nach astrometeorologischen Grundsätzen das Wetter im voraus ebenso anzugeben wußte, wie die zahlreichen übrigen Praktiken-Schreiber.

Seine Wetternotierungen mögen schon gegen Ende des 16. Jahrhunderts, etwa 1598 begonnen haben, sind aber nur für die Jahre 1604, 1617 und 1621-1629 erhalten. Das wechselvolle Schicksal KEPLERs bedingte eine häufige Änderung des Beobachtungsortes, doch sind für Prag, Linz und Sagan/Schlesien längere Reihen vorhanden."

G. HELLMANNs Meinung hinsichtlich des Zeitpunktes, an dem JOHANNES KEPLER seine Witterungsaufzeichnungen begann, ist jedoch durch dessen authentisches Zeugnis korrigiert worden.

Im Jahre 1617 schrieb er in einem Brief an den befreundeten kaiserlichen Arzt Mingenius:

„Nach Vollendung der (Rudolphinischen) Tafeln werde ich, wenn ich das Leben habe, eine Reihenfolge von Ephemeriden für die nächsten 50 Jahre schreiben; ich werde auch solche, übrigens kürzer gehalten, für die verflossenen 35 Jahre beifügen und meteorologische Beobachtungen für die einzelnen Tage von 23 Jahren, endlich auch, wenn die Tychonischen Erben es zulassen, die Himmelsbeobachtungen."

JOHANNES KEPLER hat also entgegen G. HELLMANNs Ansicht nicht erst im Jahre 1598, sondern bereits 1594, also wahrscheinlich unmittelbar nach seinem Dienstantritt im Gymnasium zu Graz, seine Witterungsaufschreibungen aufgenommen. Zweifellos sollten sie der Kontrolle und Überprüfung der auf astrometeorologischen Grundlagen berechneten jährlichen Wettervorhersagen dienen, zu denen er vertraglich verpflichtet war.

Unvollständig ist ferner G. HELLMANNs Angabe, daß nur KEPLERs Witterungsbeobachtungen von 1604, 1617 und 1621-1629 erhalten geblieben seien, denn tatsächlich stehen die meteorologischen Beobachtungen von 1604 aus Prag, 1617 und 1621-1626 aus Linz, von 1626-1628 aus wechselnden Orten und endlich von 1628-1630 aus Sagan in Schlesien zur Verfügung.

Da über die verschlungenen Lebenswege JOHANNES KEPLERs eine Fülle fundierter Werke vorliegt – der Verfasser ist zudem in seiner Arbeit „Die Entwicklung der meteorologischen Beobachtungen in Nord- und Mitteldeutschland bis 1700, Annalen der Meteorologie (NF) Nr. 10, Offenbach a. M. 1976" eingehend darauf eingegangen –, sei hier nur kurz rekapituliert:

Als Sohn des Heinrich Kepler und seiner Ehefrau Katharina Guldemann wurde JOHANNES KEPLER am 27.12.1571 zu Weil der Stadt in Württemberg geboren. Nach einer freudlosen Jugend im Hause seines Großvaters Sebald Kepler in Weil der Stadt – es beherbergt heute das Kepler-Museum – sowie seit 1574 in Leonberg und ab 1579 in Ellmendingen bei Pforzheim, bestand er 1583 in der Landeshauptstadt Stuttgart das Landesexamen, fand am 16.10.1584 Aufnahme in der Klosterschule zu Adelberg, trat 1586 in die höhere Klosterschule Maulbronn ein und erwarb am 25.9.1588 die erste akademische Würde in Tübingen: das Bakkalaureat. Am 17.9.1589 an der Universität Tübingen immatrikuliert, studierte er Theologie insbesondere bei Matthias Hafenreffer, ferner Mathematik und Astronomie bei dem berühmten Professor Michael Maestlin (1550-1631). Nachdem er am 10.8.1591 zum Magister der freien Künste promoviert hatte, setzte er seine theologischen Studien in Tübingen bis 1594 fort, nahm aber dann eine Berufung als Professor der Mathematik an der Landschaftsschule in Graz an, weil er wegen seiner Ablehnung der Konkordienformel und seines engagierten Eintretens für die heliozentrische Lehre des Kopernikus (1473-1543) keine Aussichten auf eine Anstellung im württembergischen Kirchendienst hatte. In Graz, wo Kepler am 24.5.1594 im Gymnasium seinen ersten Vortrag hielt, gehörte zu seinem Amt die Aufstellung von Kalendern mit auf ein Jahr astrologisch vorausberechneten Witterungsprognosen. Schon mit dem Kalender für das Jahr 1595 erzielte er einen durchschlagenden Erfolg, da sowohl seine Vorhersagen der Witterung als auch der politischen Ereignisse eintrafen.

Am 9.2.1597 heiratete Johannes Kepler in Graz die 1573 geborene, aber bereits verwitwete Barbara Müller zu Mühleck, wurde im September 1598 als Protestant kurzzeitig aus der Stadt vertrieben, weilte von Januar bis Juni 1600 zu Besprechungen bei dem kaiserlichen Mathematiker und Hofastronomen Tycho Brahe (1546-1601) in Prag und traf, da am 7.8.1600 endgültig aus Graz verbannt, mit seiner Familie am 19.10.1600 erneut in Prag ein, wo er als Adjunkt in Brahes Dienste trat. Nach dem Tode Tycho Brahes am 24.10.1601 erfolgte im März 1602 seine offizielle Berufung als dessen Nachfolger. Schwere Schicksalsschläge trafen Johannes Kepler im Jahre 1611, denn am 11.2. starb sein Lieblingssohn Friedrich und am 3.7. erlag auch seine Frau Barbara einer Typhuserkrankung.

Nach dem Tode Kaiser Rudolphs II. am 20.1.1612, an dessen Seite Johannes Kepler bis zuletzt weilte, trat er im April 1612 in Linz als Landschaftsmathematiker in den Dienst der oberösterreichischen Landstände und schloß am 28.10.1613 zu Effendingen seine zweite Ehe mit der 24jährigen Susanne Reuttinger, der 3 Söhne und 4 Töchter entsprossen. In den Jahren 1617 und 1620/21 reiste Johannes Kepler zur Verteidigung seiner als Hexe angeklagten Mutter nach Württemberg, erlebte dann in den folgenden Jahren – wie schon einmal in Graz – den ständig zunehmenden Druck der Gegenreformation, der ihn schließlich veranlaßte, Linz mit kaiserlicher Genehmigung am 20.11.1626 endgültig zu verlassen. Es folgten nun die unruhigen Wanderjahre mit wechselnden Aufenthalten in Schwaben, Frankfurt a. M., Ulm, Regensburg sowie Prag, wo er Kaiser Ferdinand II. (1578-1638) Ende Dezember 1627 die fertiggestellten „Tabulae Rudolphinae" überreichen konnte und als Dank ein hohes Geldgeschenk empfing.

Wegen der Gehaltsrückstände bedrängt, die im Laufe der Zeit auf etwa 12 000 Gulden angewachsen waren, stellte die Hofkammer dem Kaiserlichen Mathematiker Johannes Kepler eine entsprechende Anweisung auf Albrecht von Wallenstein, Herzog zu Friedland, Sagan und Mecklenburg aus, in dessen Dienste er daher trat. Am 7. 8. 1628 übersiedelte Johannes Kepler mit seinen Angehörigen nach Sagan, wo ihm ein Haus zur Verfügung gestellt wurde. Wallenstein sorgte auch für die pünktliche Auszahlung seines Salärs und die Errichtung der zugesicherten Druckerei. Gleichwohl fühlte sich Kepler in Sagan und Schlesien stets als „Fremdling", der mit Sorge die Bestrebungen zur Rekatholisierung des Landes verfolgte. Eine große Freude erlebte Johannes Kepler, als sein Mitarbeiter, der tüchtige junge Mathematiker und Mediziner Jakob Bartsch am 12. 3. 1630 seine Lieblingstochter Susanne in Straßburg heiratete.

Um seine noch immer ausstehenden Gehälter als Kaiserlicher Mathematiker einzutreiben, die er auch von Wallenstein nicht erhielt, reiste Johannes Kepler am 8. 10. 1630 zum Kurfürstentag nach Regensburg, wo er am 15. 11. 1630 einer heftigen, mit hohem Fieber verbundenen Erkrankung erlag, die er sich auf dem anstrengenden Ritt nach Regensburg zugezogen hatte. Das Grab des großen Gelehrten, der unter großer Anteilnahme als Protestant außerhalb der Mauern Regensburgs auf dem Friedhof vor dem St. Peters-Tor beigesetzt wurde, ist heute nicht mehr bekannt, da es schon drei Jahre später bei der Belagerung der Stadt durch schwedische Truppenverbände zerstört worden war. Erst unter dem Fürstprimas Carl von Dalberg (1744–1817) kam es im Jahre 1809 in der Nähe des verschollenen Grabes Johannes Keplers zur Errichtung eines Kenotaphs in Form eines Rundtempels als Stiftung sowohl angesehener Persönlichkeiten als auch Regensburger Bürger.

Wie bereits erwähnt, stammt die älteste überlieferte meteorologische Beobachtungsreihe KEPLERS aus dem Jahre 1604 und fällt somit in dessen von 1600 bis 1612 in Prag verbrachten Lebensabschnitt. Die täglichen Witterungsaufzeichnungen sind enthalten in dem „Prognosticon auff das Jahr . . . 1605. Sampt einem ausführlichen Verzeichnus, wie das Gewitter dieses verschienen 1604. Jahres sich von Tag zu Tag allhie zu Prag angelassen, und mit dem Himmel verglichen etc., Prag 1605".

Durch die eingehenden, sorgfältigen Untersuchungen J. VON HASNERS sind heute die wechselnden Wohnsitze KEPLERS in Prag, die den jeweiligen Beobachtungsplätzen entsprechen, genau bekannt. Auch wenn berücksichtigt wird, daß diesen Beobachtungsorten bei seinen vorinstrumentellen, d. h. ausschließlich auf Augenbeobachtungen basierenden Witterungsaufzeichnungen nicht die Bedeutung zukommt, wie es bei meteorologischen Beobachtungen mit Hilfe von Instrumenten unbedingt der Fall wäre, hat die Lokalisierung der fraglichen Wohnungen nicht nur historischen Wert. In der Tabelle 15 sind die von J. VON HASNER eruierten KEPLERSchen Wohn- bzw. Beobachtungsplätze in Prag von 1600–1612 angegeben.

Tabelle 15:
KEPLERs Wohnplätze in Prag 1600–1612

Lfd. Nr.	Zeitraum:	Beob.-Ort:	Bemerkungen:
1.	Okt. 1600 – Ende 1600	Lorettoplatz	Im Hause des Barons Hofmann westlich des Hradschins.
2.	Ende 1600 – März 1602	Lorettoplatz	In einer Mansarde bzw. dem oberen Stockwerk im Hause Tycho Brahes an der Stelle des gegenwärtigen Cerninschen Palais und nahe dem Hause Barons Hofmann.
3.	März 1602 – Anf. 1604	Emaus	In einer kaiserlichen Naturalwohnung südlich außerhalb der Altstadt, ca. 1 Stunde Fußweg vom Hradschin entfernt.
4.	Anf. 1604 – Nov. 1607	Altstadt	Im Wenzelskollegium „bei der Metzgerei bzw. dem Obstmarkt".
5.	Dez. 1607 – Apr. 1612	Altstadt	Im Kramerischen Hause nahe dem Jesuitenkollegium an der Karlsbrücke, an der Stelle des heutigen Clementinums.

Aus der Tabelle 15 geht hervor, daß KEPLER die in dem „Prognosticon" publizierten Wetterbeobachtungen des Jahres 1604 überwiegend in dem in der Prager Altstadt gelegenen Wenzelskollegium durchgeführt hat, wohin er seine Wohnung auf Anraten seines alten Freundes BACHAČK, der hier als Propst und Rektor der Universität wirkte, verlegt hatte. Übrigens war im Hofe des später von den Jesuiten abgetragenen Gebäudetraktes des Wenzelskollegiums eigens ein hölzener Turm für die KEPLERschen Beobachtungen errichtet worden.

Wie in allen Jahren seit 1594 hat KEPLER seine Witterungsaufzeichnungen auch in der von häufigen Reisen unterbrochenen Linzer Zeit von 1612–1626 fortgesetzt, obgleich heute nur noch die Beobachtungen von 1617 und 1621–1626 verfügbar sind.

Aus dem Text der lateinischen Gesamtausgabe der Werke KEPLERS: *„Joannis Kepleri Opera Omnia, edidit Dr. Christian Frisch, Band 7, Frankfurt a. M. 1868"* hat M. GRAMMER diese Wetterbeobachtungen in die deutsche Sprache übersetzt und veröffentlicht. Ergänzend fügte er hinzu: „Sie finden sich in dem Originaldruck *„Ephemerides Novae Motuum Coelestium"*, Teil 2 und 3, gedruckt zu Sagan (Authore Joanne Kepplero, Lincij Austriae, Excudebat Johannes Plancus), Exemplar der Studienbibliothek Salzburg Nr. 74 696.

Auf dem Titelblatt der Ephemeride zum Jahre 1617 wird auf die Wetterbeobachtungen besonders hingewiesen: „Adjectae sunt primae Ephemeridi anni 1617 Observationes Meteorologicae ad dies singulos et Astronomicae nonnullae."

Verständlicherweise stellt sich die Frage, ob sich auch KEPLERS wechselnde Wohnsitze in Linz, an denen die Witterungsaufzeichnungen von Mai 1612 bis zum November 1626 überwiegend ausgeführt wurden, heute noch ermitteln lassen. Zu diesem Problem äußerte schon der Keplerforscher M. CASPAR, daß es schwierig sei, hierüber exakte und vollständige Angaben zu machen, obwohl der Linzer Heimatforscher RUDOLF REICHERSTORFER sich bemüht hatte, diese Fragen auf Grund eingehender archivalischer Studien so weit zu klären, als es die verfügbaren Dokumente überhaupt gestatteten. Durch seine Untersuchungen gelang es Reicherstorfer, einige falsche Vermutungen auszuräumen, und seinen Bemühungen ist die Feststellung zu verdanken, daß KEPLER nie in dem Hause Nr. 10 der Alten Ledergasse, die 1869 nach ihm in „Keplergasse" umbenannt wurde, gewohnt hat. Infolgedessen konnte die dort befindliche Gedenktafel entfernt und an dem wirklichen Keplerwohnhaus, dem heutigen Hause Nr. 5 in der Rathausgasse angebracht werden.

Da nach den außerordentlich sorgfältigen Ermittlungen RUDOLF REICHERSTORFERS neue Erkenntnisse nicht zu erwarten sind, stehen die in der Tabelle 16 mitgeteilten Wohnsitze KEPLERS in Linz von 1612–1626 fest, wenn auch definitive Datierungen nicht möglich sind.

Tabelle 16:
KEPLERs Wohnplätze in Linz 1612–1626

Lfd. Nr.	Zeitraum:	Beob.-Ort:	Bemerkungen:
1.	Mai 1612– Okt. 1613	Vorstadt zum Weingarten	In einem Zimmer eines nicht näher bezeichneten Hauses.
2.	Nov. 1613– 1619 ?	Hofgasse	In einem nicht mehr feststellbaren Hause dieser nur kurzen Gasse.
3.	1619 ? – 1625 ?	Rathausgasse	In dem heutigen Hause Nr. 5 der Rathausgasse.
4.	1625 ? – Nov. 1626	Landhaus	In einer Wohnung im Landhaus der oberösterreichischen Stände an der Stadtmauer mit freiem Blick auf den Graben und die Linzer Vorstädte.

Die regelmäßig täglich durchgeführten Witterungsaufzeichnungen KEPLERS sind kurz und bestehen zumeist nur aus einem oder einigen Worten. Sie unterscheiden sich damit zwar kaum von anderen zeitgenössischen Wetternotizen, charakterisieren aber dennoch in ihrer Prägnanz einwandfrei den Ablauf des Wettergeschehens. Darüber hinaus lassen die „Bemerkungen" zu den Witterungstabellen neben aufschlußreichen phänologischen Angaben deutlich KEPLERS Auffassung erkennen, daß den Gestirnen, insbesondere den Planeten und deren Konstellationen ein wesentlicher Einfluß auf die Gestaltung und Entwicklung der Witterung zukomme.

Die Tabelle 17 enthält KEPLERS meteorologische Beobachtungen aus Linz für die Monate September und Oktober 1617 in der deutschen Übersetzung M. GRAMMERs. Entsprechend den Angaben aus Tabelle 16 sind sie in dem heute nicht mehr feststellbaren Wohnhause KEPLERS in der kurzen Hofgasse ausgeführt worden, wobei selbstverständlich auch die außerhalb des Wohngrundstückes auf Wegen etc. gemachten Beobachtungen einbezogen sind. Erkennbar wird in den Oktoberaufzeichnungen der Beginn der ersten Reise, die KEPLER zur Rettung seiner als Hexe verdächtigten Mutter nach Württemberg unternahm.

Tabelle 17:
JOHANNES KEPLERS Witterungsaufzeichnungen von September bis Oktober 1617 nach M. GRAMMERs Übersetzung in die deutsche Sprache.

Monat 1617:	Tag:	Witterung:	Bemerkungen:
September	1.–2.	Hitze, Regengüsse	Saturn und Jupiter standen den ganzen Monat in allgemeinem Trigon, der Monat war daher meist warm, wies aber etwas mehr Feuchtigkeit auf, er machte die Trauben voll, ließ sie aber nicht ausreifen. So folgte denn eine reiche, aber nicht ebenso edle Weinlese, die infolge der trockeneren Luft am Rhein jedoch vorzüglicher ausfiel als in Österreich, wo wegen des häufigen Wechsels von Nässe und Sonne die Fäulnis der Trauben den Wein zugrunderichtete.
	3.–4.	Wärme	
	5.	es regnet	
	6.–8.	sehr heiß	
	8.	Gewitter	
	9.	Hitze	
	10.	Schmutz	
	11.	heiter	
	12.–15.	Regenfälle, Winde	
	16.	ausgiebiger Regen	
	17.	sehr kalt	
	18.	es regnet	
	19.–21.	Sonnig, Winde, Regenfälle	
	22.	Regengüsse, Sonne	
	23.	Wärme	
	24.–26.	Nebel, Hitze, Sonne	
	27.–28.	finstere Tage, Sonne	
	29.	Regenfälle, Wärme	
	30.	Nebel, Sonne	
Oktober	1.	dunstig, stürmisch	Die Witterung war im allgemeinen trocken, es gab zu wenig Regen, so daß die Flüsse kleiner wurden und die Quellen versiegten. Hier die Wirkung durch den Wechsel des lange bestehenden Dreiecks von Saturn und Jupiter und starker Konstellationen zu Monatsbeginn. – Ungeheure Zahl von Feldmäusen in Deutschland. Ich glaube, daß diese nicht so sehr wegen des trockenen Herbstes eingetreten ist, sondern auch durch den schmutzigen Sommer des Vorjahres, der ihre Nachkommenschaft, die bei uns durch den Winter am Leben blieb, in dieses Jahr herübergebracht haben mag. – Weinlese in Österreich früher, am Neckar später. – Fünf Planeten in denselben Graden hätten die übrigen zu einer Überschwemmung veranlassen können, nun konnte aber die allgemeine Trockenheit wegen des langanhaltenden Trigons von Saturn und Jupiter und nach entleerten Eingeweiden der Erde nicht völlig überwunden werden; die Regenmengen, wie ausgiebig sie bis zum 5. auch waren, wurden in kurzer Zeit verschlungen und aufgebraucht. Die übrigen Aspekte verursachten wegen dieses trockenen Zustandes nichts außer Nebel, finstern Wolken oder Winden.
	2.	Winde	
	2.–3.	ausgiebige kühle Regenfälle	
	4.–5.	reichlicher Regen	
	6.	Sonne	
	7.	dicker Nebel, Wärme	
	8.	es taute	
	8.–10.	Nebel, heiter	
	10.–11.	sehr kalt	
	12.	Reif, Sonne, es regnet,	
	13.	heiter	
	Passau:		
	14.–15.	leichter Regen, sonnig	
	16.	klar, sehr kalt	
	17.–19.	Nebel	
	17.	sehr kalt	
	18.	sonnig, Winde	
	Regensburg:		
	20.	klar	
	21.	es taute den ganzen Tag	
	22.	Nebel, drohende Wolken	
	23.	regnerisch	
	24.	Nebel	
	25.	finstere Wolken, Sonne	
	26.–27.	Reif, heiter	
	28.–29.	heftige SE-Winde, sonnig	
	28.	finstere Wolken	
	29.	Kälte	
	30.–31.	**am Neckar:** Zunahme der Kälte	
	31.	Eis	

Die Frage, welchen Stellenwert KEPLER der zu seiner Zeit noch hochgeschätzten Astrologie wirklich zuerkannte, hat zu immer neuen Diskussionen Anlaß gegeben. Er selbst hat sich zu dem Problem vor allem in seinen Schriften: „*De fundamentis astroligiae* . . ., *Pragae 1602*" und „*Judicium de trigone igneo, Pragae 1603*" sowie „*Discurs von der großen Conjunction* . . ., *Lintz 1623*", aber auch in zahlreichen Briefen geäußert und betont, die Astrologie sei ein Problem der Physik und der Psychologie: der Physik, welche sich auf die Erfahrung gründet und stets an neuen Erfahrungen zu prüfen oder zu korrigieren ist; der Psychologie, weil transzendente Bindungen des Menschengeistes nicht zu bezweifeln sind.

Als wegen des Auftretens eines neuen Sternes im Jahre 1603 und dessen astrologischer Bedeutung sowohl die Gelehrten als auch die große Menge von äußerster Erregung erfaßt wurde, zumal die Wogen politischer Auseinandersetzungen in Böhmen und vor allem in Prag ohnehin sehr hoch gingen, konnte sich KEPLER, der kaiserliche Mathematiker und die maßgebende Autorität am Rudolfinischen Hofe, einer eindeutigen Erklärung nicht entziehen. Ungern und zögernd erklärte er endlich: Die Astrologie sei die teure Zeit nicht wert, welche man auf sie verwende und er bedauere auf Tiefste, sich mit ihr befassen und sogar in das Detail der Fragen eingehen zu müssen. Es sei dies eben eine Krankheit, welche nicht nur Einzelne, sondern eine geistige Epidemie, welche den größten Teil des Menschengeschlechtes ergriffen habe.

Mit Witz und Sarkasmus, aber auch Gelehrsamkeit kämpfte KEPLER gegen jede Art von Astrologie und Astrologen, die sich in den Mantel exakter astronomischer Wissenschaft hüllten, um ihren Schwindel und ihre Lügen an das unwissende Volk verkaufen zu können. Andererseits leugnete er nicht, daß wie z. B. die Sonne Wärme und Licht gebe, auch ganz allgemeine Wirkungen der Sternenwelt auf die Erde zugegeben werden müßten, worunter ganz speziell Einwirkungen auf den Ablauf des Wettergeschehens zu verstehen seien.

Zu Johannes Keplers vielschichtigen und ohne Zweifel eigenartigen Beziehungen zur Astrologie hat z. B. der Historiker W. GERLACH geäußert, daß diese nur auf dem Hintergrund der spätmittelalterlichen Geistesgeschichte und seiner eigenen Rolle als Mittler zwischen dieser und einer noch immer lebendigen Metaphysik verstanden werden können. Während J. VON HASNER kommentiert: „Die Ansicht ist allgemein verbreitet, auch KEPLER sei nicht frei vom astrologischen Aberglauben gewesen und doch ist derselbe stets mit aller Entschiedenheit gegen die Astrologie zu Felde gezogen", schrieb M. BOAS: „KEPLER bleibt für die moderne Welt unerreichbar fremd; er ist einer der Wissenschaftler der nachkopernikanischen Epoche, die nur außerordentlich schwer genau zu erfassen und kritisch zu würdigen sind. Mit seinem Mystizismus und seinen kühnen Gedankengängen stand KEPLER außerhalb des Hauptstroms der wissenschaftlichen Entwicklung, der bereits den Rationalismus zum leitenden Prinzip erhoben hatte. Die Wissenschaftler unter seinen Zeitgenossen lasen ihn wenig. Geschätzt wurde er von Königen, Fürsten und Staatsmännern wegen seiner Tüchtigkeit in astrologischen Voraussagen; daher auch seine Stellung als kaiserlicher Mathematiker und die zahlreichen Angebote ausländischer Fürsten, wie das, mit dem HENRY WOTTON ihn nach England zu ziehen versuchte."

Durch die meteorologischen Beobachtungen, die KEPLER seit Beginn seiner Tätigkeit in Graz im Jahre 1594 bis zum Ende seines Aufenthaltes in Sagan im Oktober 1630 ununterbrochen fortgesetzt hatte, wurden einige interessierte Persönlichkeiten angeregt, seinem Beispiel zu folgen. Hervorzuheben ist insbesondere der Landgraf HERMANN IV. von Hessen (1607-1658), der unter dem Pseudonym „Uranophilus Cyriandrus" eine Witterungschronik und eine eigene lange meteorologische Beobachtungsreihe von hervorragender Qualität aus der Zeit von 1621-1650 in Kassel und Rotenburg a. d. Fulda durchführte und auch veröffentlichte. Erwähnt sei ferner der Engländer JOHN GOAD, der eine Londoner Beobachtungsreihe hinterließ.

Bis zu seinem Tode am 15.11.1630 hat KEPLER nicht weniger als 84 Werke und Schriften veröffentlicht, zwei weitere Arbeiten erschienen erst posthum.

Über das wechselvolle Schicksal des wissenschaftlichen Nachlasses KEPLERs, der endlich im Jahre 1774 auf Anraten des schweizerischen, seit 1766 in Petersburg lebenden Mathematikers LEONHARD EULER (1707-1783) von der russischen Zarin KATHARINA II. (1729-1796) für die Akademie der Wissenschaften für 2000 Rubel angekauft, später allerdings in die Bibliothek der Sternwarte zu Pulkowa überwiesen wurde, hat R. WOLF in seiner „Geschichte der Astronomie, München 1877" ausführlich referiert. Es kann daher auf nähere Angaben verzichtet werden.

Literatur: (4), (8), (9), (11), (16), (17), (18), (19), (22), (23), (24), (27), (36), (37), (38), (39), (40), (41), (42), (43), (62), (74).

2.17 Witterungsaufzeichnungen von 1618-1635 in Steyr/Oberösterreich.

Beobachter: JAKOB ZETL.

Zu den wenigen Orten, in denen mehrere Beobachter etwa gleichzeitig frühe, d. h. vorinstrumentelle Witterungsbeobachtungen aufgezeichnet und hinterlassen haben, gehört die alte „Eisenstadt" Steyr in Oberösterreich, denn aus dem Zeitraum von 1567-1635 liegen nicht weniger als zwei „Annalen" und eine „Chronik" vor. Die darin angegebenen Witterungsereignisse fallen allerdings in der Mehrzahl in das erste Drittel des 17. Jahrhunderts.

Die erste Folge der fraglichen Schriften, die „Annales Styrenses, Nürnberg 1740" geht auf den überzeugten Protestanten VALENTIN PREUENHUEBER zurück, der in der Zeit von etwa 1610-1628 im Dienste der Stadt Steyr bzw. der Steyrer Eisengewerkschaft wirkte und in dieser Zeitspanne seine „Annales Styrenses" mit Witterungsangaben von 1567-1618 schrieb. (Siehe 2.12.)

Die zweite Folge der Steyrer meteorologischen Aufzeichnungen von 1603-1622 verfaßte der streng katholische Magister WOLFGANG LINDNER, nachdem er bereits vorher von 1590-1603 in Waidhofen an der Ybbs bemerkenswerte Witterungsgeschehnisse notiert hatte. Die „Annalen des Wolfgang Lindner von 1590-1622" wurden von K. SCHIFFMANN im Jahre 1910 in Linz publiziert. (Siehe 2.14.)

Autor der dritten Folge, der von L. EDLBACHER schon 1878 in Linz herausgegebenen „*Chronik der Stadt Steyr von 1612-1635*" war der wie LINDNER glaubenstreue Katholik JAKOB ZETL. Die Aufzeichnungen außergewöhnlicher Witterungsvorkommen des Steyrer Ratsherren und Färbermeisters ZETL umfassen die Zeit von 1618 bis 1635. Einer Bemerkung von K. EDER zufolge soll der letzte Teil der „Chronik" von dem in Wels tätigen Arzt Dr. PHILIPP DILLMETZ zusammengeschrieben und möglicherweise ergänzt worden sein.

Die heftigen konfessionellen Auseinandersetzungen, die das Leben und Geschehen in Steyr wie im ganzen Lande in der ersten Hälfte des 17. Jahrhunderts bestimmten, spiegeln sich sehr deutlich in den genannten Quellen. Während der Protestant VALENTIN PREUENHUEBER in Steyr in seinen „Annales Styrenses" die Vorkommnisse natürlich aus protestantischer Sicht beurteilte und bewertete, schilderten der Katholik WOLFGANG LINDNER und sein Glaubensgenosse JAKOB ZETL die geschichtliche Entwicklung selbstverständlich aus dem konträren katholischen Blickwinkel.

Von wesentlicher Bedeutung ist JAKOB ZETLs „Chronik", die K. EDER ausdrücklich „als Arbeit eines lebensnahen Bürgers" apostrophiert hat, als Quelle für die Geschichte des Bauernkrieges, der als Reaktion auf die rücksichtslose Durchführung der Gegenreformation, aber auch infolge der Erbitterung über die Lasten der bayerischen Besetzung des Landes entstand und zur Erhebung der protestantischen böhmischen Bauern führte. Unter ihrem Führer STEPHAN FADINGER zogen sie raubend und brennend durch das Land, eroberten nicht nur die Stadt Wels, sondern belagerten vom 24.6.-29.8.1625 auch die Stadt Linz, die durch die Beschießung schwere Brandschäden erlitt. Auch das Gebäude der Druckerei Plank, in dem sich der bisher gedruckte Teil der Rudolphinischen Tafeln JOHANNES KEPLERs befand, sank in Asche. Unmittelbaren Kontakt hatte JAKOB ZETL mit den in Steyr lagernden Bauern im Jahre 1626. Als die ganze Bürgerschaft und alle Einwohner der Stadt auf Befehl STEPHAN FADINGERS am „1. Tag Juni als Montag der Pfingsten mit Aufreckung zweier Finger" den Bauern den Treueid schwören sollten, entzog sich JAKOB ZETL mit anderen katholischen Bürgern dieser Zwangshandlung. Er vermerkte hierzu: „Ich ZETL und etliche katholische Bürger aber haben unrecht verstanden und diesen Tag in der Frühe auf die Seiten gegangen, damit wir nicht haben schwören dürfen". Als der Ratsherr ZETL im August 1626 dennoch in die Gewalt der Bauern fiel, konnte er sich nur knapp einer körperlichen Verstümmelung – es sollten ihm die Ohren abgeschnitten werden – entziehen. Er mußte zwar einen Tag im Arrest verbringen, wurde aber durch die Intervention der Stadtrichter Hans Himmelberger und Abraham Schrötl am folgenden Tag wieder entlassen.

Über den Geburtsort, die Herkunft und die Jugendjahre JAKOB ZETLs, der im Jahre 1580 das Licht der Welt erblickte, liegen keine Angaben vor. Offenbar erlernte er das Färbereihandwerk in Salzburg, denn es ist belegt, daß er in Salzburg gearbeitet hat, dort 1612 vorübergehend Soldat des Erzbischofs WOLF-DIETRICH VON RAITENAU (1587 bis 1612) war und im Jahre 1613 als Färbergeselle nach Steyr kam. Das Bürgerrecht der Stadt wurde ihm am 11.1.1616 mit der Auflage der Zahlung eines Bürgergeldes sowie der Ausrüstung mit einer Muskete und eines Säbels vom Rat der Stadt Steyr verliehen. Später war er als selbständiger Handwerksmeister Mitglied der seit 1569 im Lande ob der Enns bestehenden Färberzunft, deren Hauptlade sich in Linz befand. JAKOB ZETL, der zweimal verheiratet war – die zweite Ehe wurde im Herbst des Jahres 1636 geschlossen – bewohnte nach F. BERNDT in Steyr das Haus Haratzmüllerstraße Nr. 14. Bekannt ist, daß aus den beiden Ehen ZETLs sechs Kinder hervorgingen.

Im Zuge der Gegenreformation wurde der strenggläubige Katholik JAKOB ZETL in die Steyrische Stadtverwaltung berufen und gehörte zu den wenigen Handwerkern, die in der langen Zeitspanne von 1625-1660 Sitz und Stimme in den Ratskörperschaften innehatten. Wie sich der hochbetagte, aber bereits gebrechliche ZETL noch bemühte, seinen Ratsherrenpflichten nachzukommen, verdeutlicht ein Ratsprotokoll aus dem Jahre 1657, in dem es heißt: „Herr JAKOB ZETL allda ganz baufällig". Drei Jahre später starb er im Alter von 80 Jahren im Spätherbst 1660 und wurde am 30.11. des Jahres beigesetzt. In seinem Testament verfügte er über Spenden und bestimmte, daß seine Frau Susanne den Armen bei seinem Begräbnis ein Almosen „auf die Hand geben solle".

Während JAKOB ZETL in seiner „Chronik" ausführlich über alle die Stadt und die Kirche betreffende Angelegenheiten referierte, enthält das Werk nur einzelne eingestreute Berichte über besonders auffällige Witterungsvorkommen. Die Ausbeute an meteorologischen Fakten ist daher im Vergleich zu den „Annales Styrenses" von VALENTIN PREUENHUEBER oder gar den „Annalen" WOLFGANG LINDNERs nur gering.

In der Tabelle 18 sind JAKOB ZETLs Witterungsangaben von 1618-1635 enthalten.

Tabelle 18:
JAKOB ZETLs Witterungsaufzeichnungen aus Steyr von 1618-1635 mit Angaben der Seitenzahlen von LUDWYIG EDLBACHERs Veröffentlichung.

1618: Um Lichtmeß (2.2.) solche Kälte, daß man über die zugefrorene Enns gehen konnte (S. 14); Advent großer Komet (S. 15).

1621: Auch Kälte um Lichtmeß, Enns gefroren (S. 24).

1623: War ein kalter Winter, lag Schnee bis Ostern (Mitte April) (S. 31).

1626: September 18.: ein Schiff mit bayrischen Soldaten mußte in Aschach die Fahrt unterbrechen „wegen des großen Windes", viele Soldaten wurden dort im Quartier erschlagen (S. 75).

1627: September 10.: großes Gewässer im Land gewesen und man hat (in Steyr) vermeint, es würden alle drei Brücken zugrunde gehen (S. 92).

1629: April 22.: Gerade während des Linzer Oster-Marktes solcher Schnee gefallen, daß er in den Bergen mannshoch liegenblieb. Schaden am Obst! (S. 104)

1630: Juni 10.: Fronleichnamsprozession: schön und warm (S. 108), Oktober: gutes Weinjahr! Die Hauer hatten nicht genug Fässer (S. 112).

1634/35: So ein kalter Winter, daß man zum Freistädter Paulimarkt (25. 1.) „ein fahr straßen auf dem eiss über die Thonau gemacht (S. 135).

Literatur: (14), (15), (55), (61), (68).

2.18 Witterungsbeobachtungen ab 1655 in Innsbruck?

Beobachter: Unbekannte Jesuitenpatres.

Den im Jahre 1655 beginnenden Innsbrucker meteorologischen Beobachtungen käme, falls sie wirklich ausgeführt wurden, wofür definitive Beweise nicht erbracht werden können, in der Geschichte der Meteorologie in Österreich insofern eine Sonderstellung zu, als es sich hier um die ersten instrumentellen Wetterbeobachtungen des Landes handeln würde, die zudem im Rahmen des ersten bekannten europäischen Beobachtungsnetzes angestellt wurden.

Als Vergleich sei hierzu vermerkt, daß die ältesten instrumentellen meteorologischen Beobachtungen Deutschlands im Jahre 1678 in Hannover von dem Universalgelehrten GOTTFRIED WILHELM VON LEIBNIZ (1646-1716) auf Anregung des französischen Physikers EDME MARIOTTE ausgeführt wurden.

Innsbruck, möglicherweise Beobachtungsort der erwähnten frühesten Witterungsbeobachtungen in Österreich unter Verwendung von Instrumenten, wurde im Jahre 1187 erstmals unter dem Namen „Inspruke" erwähnt, erhielt 1239 das Stadtrecht und kam nach einer wechselvollen Geschichte im Jahre 1363 mit dem Land Tirol in den Besitz der Habsburger. Begünstigt durch seine geographische Lage entwickelte sich Innsbruck zu einem kulturellen und wirtschaftlichen Zentrum, wurde unter Kaiser MAXIMILIAN I. (1459-1519) Sitz der ober- und vorderösterreichischen Lande wie der Zentralregierung über das Reich und die Erblande. Auch Kaiser FERDINAND I. (1503-1564), der 1524 erstmals nach Innsbruck kam und wegen der Türkengefahr mit seiner Familie im Jahre 1536 dauernd dorthin übersiedelte, förderte die Stadt u. a. durch große Bauten. Unter seiner Regierung entstand auch das Jesuitenkollegium, in dem etwa hundert Jahre später die zur Diskussion stehenden meteorologischen Beobachtungen ab 1655 von gelehrten Patres mit Hilfe der zur Verfügung gestellten Geräte vorgenommen werden sollten.

Zu dem Komplex der Anfänge der instrumentellen Wetterbeobachtungen hat sich N. WANIEK in seiner Dissertation der Universität Wien im Jahre 1951 wie folgt geäußert:

„Es ist anzunehmen, daß die Periode der instrumentellen meteorologischen Beobachtungen, der die Meteorologie ihre Entwicklung verdankt, ungefähr um die Mitte des 17. Jahrhunderts beginnt, als Thermometer und Barometer in allgemeinen Gebrauch kamen.

Die frühesten Beobachtungen der instrumentellen Epoche sind wohl um die Mitte des 17. Jahrhunderts in Italien, der Geburtsstätte von Thermo- und Barometer, angestellt worden. Der Großherzog FERDINAND II. von Toskana (1610-1670), selbst Physiker und gewandter Experimentator und sein Bruder LEOPOLD sind die Organisatoren eines ausgebauten meteorologischen Beobachtungsnetzes. Sie ließen durch den Jesuitenpater LUIGI ANTINORI an Ordensbrüder Instrumente und Beobachtungsschemata (Formula) verteilen und sammelten deren Beobachtungen in Florenz. Neben den Beobachtungen in Italien wurden auch solche in Innsbruck, Osnabrück und Warschau ausgeführt. Leider sind diese (Innsbrucker) Beobachtungen, welche also die älteste Reihe meteorologischer Beobachtungen (mit Instrumenten) in Österreich enthalten würde, bis heute unauffindbar geblieben."

G. HELLMANN referiert über die von der „Accademia del Cimento zu Florenz" initiierten instrumentellen meteorologischen Beobachtungen:

„Florentiae, 1655 Januar: Es ist dies der erste vollständige Monat der langen Beobachtungsreihe, die am 15. 12. 1654 begann und mit dem 30. 3. 1670, d. h. mit dem Tode ihres geistigen Urhebers, des Großherzog FERDINAND II. von Toskana am 23. 5. 1670 endete.

Die Beobachtungen wurden zuerst wahrscheinlich von den Jesuiten gemacht, da Pater ANTINORI vom Großherzog mit der Einrichtung des Netzes korrespondierender meteorologischer Beobachtungen betraut war, vom Jahre 1664 ab jedoch im Convento degli Angeli.

Die Beobachtung der Lufttemperatur erfolgte an zwei Alkohol-Thermometern mit der 50teiligen Skala der Accademia del Cimento, von denen eines nach Norden, das andere nach Süden hing. Waren sie der Sonnenstrahlung ausgesetzt, wurde den Temperaturangaben ein S (Sole, Solicello) beigefügt. Unter dem Titel „Tempus" wurden allgemeine Eintragungen über die Himmelsschau, die Hydrometeore und die Winde gemacht.

Beachtenswert ist die große Zahl der täglichen Aufzeichnungen; in den ersten drei Jahren zu unbestimmten Stunden (15-16mal), die nach der alten italienischen Einteilung gezählt wuden, im vierten Jahr zu bestimmten, aber mit der Jahreszeit wechselnden Stunden und vom Jahre 1658 ab 5mal am Tage."

Zur Veranschaulichung der Florentiner Beobachtungen veröffentlichte G. HELLMANN die Aufzeichnungen für den Monat Januar 1655. Über den Verbleib des Beobachtungsmaterials der Accademia del Cimento ergänzte er: „Die Originale befinden sich jetzt auf der Biblioteca Nazionale Centrale in Florenz."

Einen Abdruck des ganzen Wetterjournales publizierte der ehemalige Direktor des Florenzer Museo di Fisica, V. ANTINORI im *„Archivio Meteorologico Centrale Italiano nell' I. R. Museo di Fisica e Storia Naturale. Prima Publicazione, Firenze 1858, 8°, S. 1-223"* sowie in der Einleitung der von ihm besorgten *„Saggi di Naturali Esperienze fatte nell' Accademia del Cimento, Firenze 1841"*.

Hinsichtlich der außeritalienischen meteorologischen Beobachtungen erläuterte G. HELLMANN: „Auf der Universitäts-Bibliothek und im Jesuitenkollegium zu Innsbruck hat sich von den alten Beobachtungen nichts auffinden lassen, ebensowenig in Osnabrück. Auch ist mir nicht bekannt geworden, daß die Warschauer Beobachtungen noch existieren. Es muß demnach zunächst unentschieden bleiben, ob an diesen Orten auch wirklich Beobachtungen gemacht, oder ob dorthin bloß Instrumente geschickt worden sind. Auch auf der Biblioteca Centrale in Florenz, welche die übrigen meteorologischen Tagebücher, die dem Großherzog regelmäßig vorgelegt wurden, nunmehr beherbergt, hat man aus jenen außeritalienischen Orten nichts auffinden können."

Das erwähnte meteorologische Beobachtungsnetz geht letztlich auf die Gründungen wissenschaftlicher Akademien zurück, die mit dem Beginn des 17. Jahrhunderts einsetzten. Der toskanische Hof förderte mit der „Accademia del Cimento", der Akademie der Experimente, die Forschungen und Untersuchungen einer Gruppe von Naturwissenschaftlern, unter denen sich auch VINCENZO VIVIANI (1621–1703), der letzte Schüler des GALILEI (1564–1642) befand.

Die florentinische Nachfolgerin der ersten Gelehrtengruppe, der „Accademia de Lincei" in Rom, die von dem Großherzog FERDINAND II. von Toskana gestiftete „Accademia del Cimento", entstand eindeutig als ein Produkt der naturwissenschaftlichen Neigungen des Hofes zu Florenz. Auf Befehl FERDINANDS II., der selbst um 1640 ein Weingeistthermometer und etwa 1650 das Kondensationshygrometer (mostra umidaria) erfunden hatte, wurde eine großartige Sammlung von Instrumenten im großherzoglichen Palast zusammengetragen – einige stammten von GALILEI –, die von den Akademiemitgliedern gemeinsam benutzt wurden. Ein Teil dieser Sammlung ist noch heute vorhanden.

Führender Kopf, gewissermaßen „Präsident" der Accademia del Cimento wurde Prinz LEOPOLD DE MEDICI, der Bruder des Großherzogs FERDINAND II., dessen Interesse an den Naturwissenschaften durch seine Studien bei GALILEI geweckt worden war. Der Prinz leitete die Sitzungen der Akademie und nahm an den jeweils durchgeführten Versuchen und Experimenten teil.

Aufgabe der Accademia del Cimento war, wie erwähnt, die Erforschung und Klärung von Naturvorgängen durch entsprechend wiederholte Versuche. Die langjährigen Beobachtungen des Wetters unter Verwendung der verfügbaren Instrumente haben im Rahmen dieser Untersuchungen eine wesentliche Rolle gespielt.

Hinsichtlich der Dauer der Funktionsfähigkeit der Akademie hat sich A. RUPERT HALL wie folgt geäußert: „Die Accademia del Cimento bestand nur so lange, als sie dem Interesse der MEDICI schmeichelte und ihr Ansehen erhöhte. Als LEOPOLD im Jahre 1667 Kardinal wurde, hörten die Sitzungen auf; einige sagten, weil sie nicht zu seiner neuen Würde paßten, andere, wegen der endlosen Streitigkeiten unter den Akademiemitgliedern." Fest steht aber, daß Kardinal LEOPOLD auch nach 1667 weiterhin Interesse zeigte und sich bemühte, berühmte Gelehrte nach Florenz zu ziehen. Die unter der Ägide des Großherzogs FERDINAND II. stehenden Wetterbeobachtungen wurden von diesen Vorgängen nicht berührt und bis zum März 1670 ununterbrochen weitergeführt.

Über die naturwissenschaftlichen Arbeiten der Accademia del Cimento resümierte F. X. BECK: „Zu den Experimenten gehörten Versuche über den luftleeren Raum, über die Gestalt von Tröpfchen, das Verhalten von Flüssigkeiten in Haarröhrchen, über optische und magnetische Erscheinungen. Die Akademie befaßte sich mit der Schwere und dem Fall, was aus der Schule GALILEIS verständlich ist. Man kennt die Ausdehnung des Wassers durch die Wärme und die Sprengwirkung des Eises, kennt die Unterschiede in der Wärmekapazität von Wasser und Quecksilber und weiß, daß der Schmelzpunkt von Eis – Wasser, wie er später als Fixpunkt für das Thermometer verwendet werden wird, auch bei der Mischung von Eis mit siedendem Wasser bleibt. Allerdings blieb dieses Verhalten zunächst ein Rätsel."

Zu den meteorologischen Instrumenten der Akademie vermerkte BECK, daß Abbildungen in dem 1756 publizierten Werk: *„Tentamina experimentorum naturalium"* des berühmten holländischen Physikers und Experimentators PIETER VAN MUSSCHENBROEK (1692–1761) – einer lateinischen Übersetzung des Akademieberichtes *„Saggi di naturali esperienze fatte nell' Accademia del Cimento, Firenze 1667"* – zeigen, wie die Florentiner Geräte ausgesehen haben. Sie waren, was die Thermometer angeht, Kunstwerke der Glasbläserei. Ein Muster stellt z. B. ein Thermometer mit gewundener Röhre dar, wobei die lange Spirale die Genauigkeit der Ablesung erhöhen sollte. Dagegen wurden die von dem Großherzog FERDINAND II. erfundenen Weingeistthermometer nach R. WOLF in der Form unserer gegenwärtigen Thermometer konstruiert. Mit dem gleichfalls von dem Großherzog entwickelten Kondensationshygrometer konnte der Gehalt der Luft an dampfförmigem Wasser dadurch gemessen werden, daß diese Feuchtigkeit durch Abkühlung zum Kondensieren gebracht wurde. Das abtropfende Wasser lief in ein Glasgefäß mit einer Einteilung und gestattete so einen Rückschluß auf die in der Luft enthaltene Wassermenge. Endlich standen auch Exemplare des von EVANGELISTA TORRICELLI (1608–1647) im Jahre 1644 erfundenen Barometers, der sogenannten Luftwaage zur Verfügung, deren Schwankungen er eindeutig nachgewiesen hatte.

Bekanntlich veranlaßte der französische Physiker und Mathematiker BLAISE PASCAL (1623–1662) im Jahre 1648 seinen Schwager PÉRIER zu Barometermessungen auf dem Gipfel des Puy de Dome, durch die der Beweis der Abnahme des Luftdruckes mit der Höhe und die Möglichkeit von Höhenmessungen mit Hilfe des Barometers erbracht werden konnte.

Die auffällige Übereinstimmung der Tatsache, daß von den außeritalienischen Beobachtungsorten der Accademia del Cimento: Innsbruck, Osnabrück sowie Warschau keinerlei Beobachtungsmaterial ermittelt oder aufgefunden werden konnte, obwohl es an entsprechenden intensiven Bemühungen nicht gefehlt hat, scheint die These G. HELLMANNs zu bestätigen, daß es unentschieden bleiben muß, ob an den genannten Orten auch wirklich Beobachtungen gemacht wurden. Das gilt um so mehr, als nicht einmal nachweisbar ist, ob die von Florenz aus verschickten Instrumente mit Zubehör ihre Bestimmungsorte jemals erreicht haben.

Unter Berücksichtigung aller Gegebenheiten muß daher die Frage, ob Innsbruck den Ruhm beanspruchen kann, in die Geschichte der Meteorologie des Landes Österreich als der erste Ort eingehen zu können, an dem regelmäßige meteorologische Beobachtungen mit Hilfe von Instrumenten ausgeführt wurden, die zudem im Rahmen des ersten europäischen Beobachtungsnetzes der Accademia del Cimento mit der Zentrale in Florenz stattfanden, als unlösbar betrachtet werden.

Gleichwohl wird mit dem angesprochenen Problem ein eminent wichtiges, aber auch interessantes Kapitel nicht nur der meteorologischen Beobachtungen, sondern der Meteorologie überhaupt berührt. Die vorstehenden Auslassungen über die Erfindung der meteorologischen Instrumente in Italien und die Angaben über die Geschichte der „Accademia del Cimento" zu Florenz dürften somit berechtigt und zum Verständnis der Situation und Sachlage als notwendig erscheinen.

Literatur: (5), (20), (24), (25), (72), (74).

2.19 Witterungsbeobachtungen von 1666–1671 im Stift Zwettl/Niederösterreich

Beobachter: JOHANN BERNHARD LINCK.

Eine Folge unregelmäßige Witterungsaufzeichnungen von 1666–1671 ist aus dem Zisterzienserstift Zwettl überliefert, welches im Jahre 1138 von HADMAR II. VON KUENRING im „Nordwald" gegründet wurde. Unter dem aus dem Kloster Heiligenkreuz entsandten ersten Zwettler Abt HERMANN entstanden die neuen Klosterbauten an einer Schleife des Flusses Kamp, die sowohl natürlichen Schutz als auch die erforderliche Abgeschiedenheit bot. König KONRAD III. (1093-1152) bestätigte 1139 und 1147 die Gründung, und Papst INNOZENZ II. (1130-1143) nahm das Kloster Zwettl – der Name ist von dem slawischen Wort „světla" abgeleitet und bedeutet „die Lichte = lichtes Tal" – im Jahre 1140 in seinen Schutz.

Von dem Ministerialengeschlecht der KUENRINGER und Adligen der Umgebung reich dotiert, entwickelte sich das Kloster so schnell, daß bereits 1159 die Klosterkirche geweiht werden konnte. Noch bestehende Bauelemente jener Zeit, zu denen u. a. Teile des Kapitelsaales und des Dormitoriums gehören, zählen zu den ältesten erhalten gebliebenen Zisterzienserbauten.

Im 13. und 14. Jahrhundert erlebte das Kloster Zwettl seine erste Blütezeit. Unter Abt MARQUARD (1204-1227) konnte der frühgotische Kreuzgang vollendet werden, Abt EBRO (1273-1304) veranlaßte den Ausbau des Klosters zu einer burgartigen Abtei und die Abfassung des ältesten Urbars von 1280, Abt OTTO II. GRILLO (1335-1362) begann den Bau der gotischen Hallenkirche, der 1360 abgeschlossen wurde. Im übrigen entstand in der Zeit von 1310-1315 das Zwettler Stiftungsbuch: Chronik, Traditions-Kapitelbuch und Urbar in einem.

Der Zeitabschnitt vom Ende des 14. Jahrhunderts bis zum Jahre 1648 brachte für das Stift eine Periode des Niederganges, in der sich die Pest, Seuchen, Kriege und Raubzüge einheimischer Adliger auswirkten. Im Hussitensturm von 1427-1430 wurde das Kloster Zwettl geplündert und zerstört. Zwar konnten unter Abt KOLOMAN BAUERNFEIND (1490-1495) die Schäden des Hussitenkrieges weitgehend beseitigt werden, aber unter Abt ERASMUS LEISSER (1512-1545) fügte der Bauernkrieg von 1525 dem Kloster erneut schwere Schäden zu. Verhängnisvoll wirkte sich zudem in der Folgezeit die rasche Ausdehnung der protestantischen Lehre im Waldviertel aus, die dazu führte, daß der 1561 gewählte Abt MARTIN STEINGADEN im Jahre 1566 wegen seiner Neigung zu der neuen Lehre abgesetzt werden mußte.

Unter dem auf kaiserlichen Befehl eingesetzten Abt ULRICH I. HACKE (1586-1607) gelang es zwar, den Protestantismus wesentlich zurückzudrängen und das klösterliche Leben zu heben, aber im Dreißigjährigen Krieg wurde das Stift bei den Schwedeneinfällen 1645/46 mehrfach geplündert und die Brüder vertrieben.

Nach dem Friedensschluß von 1648 trat dann die entscheidende Wende zu einer neuerlichen Aufwärtsentwicklung und Blüte des Klosters Zwettl ein, die den Auftakt zu der großartigen Barockepoche bildete. Sie wurde eingeleitet unter dem tatkräftigen Abt JOHANN BERNHARD LINCK, der am 18. 8. 1606 in der schlesischen Metropole Breslau geboren wurde. Nach dem Abschluß seiner Studien folgte er einem Ruf seines Onkels JOHANNES SEYFRIED, der von 1612-1625 Abt des Zisterzienserstiftes Zwettl war, legte dort am 1. 11. 1631 das Ordensgelübde ab und erhielt den Ordensnamen MALACHIAS. In der Folge war er als Novizenmeister, Kämmerer und Subprior tätig und verfaßte neben einer beachtlichen Anzahl ungedruckt gebliebener Schriften im Jahre 1639 eine in die Landesgeschichte eingebettete umfangreiche Klostergeschichte. Diese „Annales Austrio-Claravallenses" erschienen allerdings erst 1723/25 als zweibändiges Druckwerk in Wien.

Nach dem Tode des Abtes GEORG II. NIVARD KOWEINDL wurde JOHANN BERNHARD LINCK am 28. 10. 1645 zum interimistischen Stiftsadministrator bestimmt und am 23. 9. 1646 vom Konvent einstimmig zum Abt des Stiftes Zwettl gewählt. Da er nach seiner Abtwahl den Ordensnamen MALACHIAS ablegte, wird er in der Reihe der Äbte als JOHANNES VIII. geführt.

Das breitgefächerte Spektrum der Aktivitäten JOHANN BERNHARD LINCKs erstreckte sich nicht nur auf seine wissenschaftlich-historischen Interessen, die sich sowohl in seinen Schriften wie in seinen Tagebüchern mit Witterungsaufzeichnungen spiegeln, sondern auch auf praktisch-wirtschaftliche Initiativen, die in der Einrichtung einer Klosterapotheke, der Reorganisation des „hospitale pauperum", eines seit dem 12. Jahrhundert bestehenden Pflegeheimes für Alte und Kranke, der Neugestaltung des Sängerknabenkonviktes und der bedeutenden Erweiterung der Bibliotheksbestände gipfeln.

Nach JOHANN BERNHARD LINCKs Ableben im Jahre 1671 erhielt das Stift Zwettl durch großzügige Umbauten unter Abt CASPAR BERNHARD (1672-1695) seine heutige Gestalt und Abt MELCHIOR VON ZAUNAGG (1700-1747) ließ die Kirche umbauen und den barocken 80 m hohen Turm errichten. Ihm verdankt das Kloster auch die herrliche Barockbibliothek, die Stiftstaverne und Teile des neuerrichteten Konventsgebäudes.

In diese zweite Blütezeit des Stiftes Zwettel fallen die eingangs erwähnten Witterungsaufzeichnungen, zu denen G. WACHA vermerkte: „Die Zwettler Äbte JOHANN BERNHARD LINCK und CASPAR BERNHARD führten zwar nicht „Witterungstagebücher", haben aber in Kalendarien aus den 60er bis 90er Jahren des 17. Jahrhunderts knappe Angaben über Unwetter und Witterungsbesonderheiten eingestreut, wie:

1666, 9. 3.: Unwetter in Wien. Stephansturm vom Blitz getroffen;
14. 6.: nachts großes Unwetter in Alt-Pölla;
10. 7.: Waldbrände an verschiedenen Orten, auch in Böhmen;
19./20. 7.: Ernte;
15. 8.: Unwetter, der Bäcker Johann Schuster in Zwettl vom Blitz erschlagen.
1667, 29. 4.: Großes Unwetter;
11./12. 8.: Ernte bei heiterem Himmel;
6. 10.: Beginn der Weinlese;
1. 11.: Erster Schnee gefallen;
13. 11.: Im Schnee Unfall auf der Fahrt nach Refings;
15. 11.: Rückkehr durch tiefen Schnee;
27. 11.: Der Schnee wird durch Westwind (vento Favonii) wieder aufgelöst."

Nach der Version G. WACHAs gehen die fraglichen Witterungsaufzeichnungen – die o. a. Beispiele wurden in deutscher Übersetzung angegeben – entsprechend den Regierungszeiten der Zwettler Äbte für die Jahre 1666-1671 auf JOHANN BERNHARD LINCK und von 1672-1695 auf CASPAR BERNHARD zurück.

Durch die jüngsten Untersuchungsergebnisse wurden diese Angaben jedoch widerlegt. Aufgrund sorgfältigster Ermittlungen teilte der Leiter des Stiftsarchivs Zwettl Dr. JOHANN TOMASCHEK mit: „Abt JOHANN BERNHARD LINCKs Nachfolger, CASPAR BERNHARD, hat zwar das Diarium weitergeführt, allerdings fehlte ihm augenscheinlich das meteorologische Interesse seines Vorgängers. Er hat nämlich *keinerlei* Notizen zu Witterungserscheinungen hinterlassen." G. WACHAs Hinweise auf Witterungsaufschreibungen des Abtes CASPAR BERNHARD lassen sich jedoch durch die Tatsache erklären, daß von dem Zwettler Stiftsarchivar ALOIS WAGNER Kalendarien von 1669 und 1689 mit entsprechenden Wetterbeobachtungen aufgefunden wurden. In seiner Dissertation: „Geschichtlicher Grundriß des österreichischen Anteils am Aufbau der Meteorologie, Wien 1951" hat N. WANIEK aber darauf hingewiesen, daß diese Aufzeichnungen im Stift Heiligenkreuz bei Baden gemacht wurden.

Die Absicht, die Beobachtungsreihe des Abtes JOHANN BERNHARD LINCK für die Jahre 1668–1671, d. h. ohne die von G. WACHA mitgeteilten Aufzeichnungen von 1666 und 1667, in die vorliegende Arbeit aufzunehmen, konnte bedauerlicherweise nicht realisiert werden, da die Kalendarien für die Jahre 1668 und 1670 verschollen sind. Es stehen mithin nur noch die Kalender-Tagebücher mit Abt LINCKs Witterungsaufzeichnungen von 1669 und 1671 zur Verfügung.

Die Abbildung 7 zeigt die Titelseite des 1669 von Abt LINCK verwendeten Kalenders, der sich heute unter der Signatur „2/28" im Stiftsarchiv Zwettl befindet.

Abbildung 7: Titelseite des von Abt JOHANN BERNHARD LINCK im Jahre 1669 verwendeten Kalendariums. Stiftsarchiv Zwettl, Signatur „2/28".

In der Tabelle 19 sind die Witterungsaufzeichnungen JOHANN BERNHARD LINCKs für die Jahre 1669 und 1671 in lateinischer Sprache enthalten.

Tabelle 19:
Witterungsaufzeichnungen des Abtes JOHANN BERNHARD LINCK aus den Jahren 1669 und 1671 nach Angaben des Stiftarchivars zu Zwettl Dr. JOH. TOMASCHEK.

1669, 24.–26. 3.: Serenitas tunc quotidie erat;
9. 5.: 1. tonitru hic auditum;
2. 6.: tempestas cum pluvia;
17. 6.: tempestas sine pluvia;
20. 6.: tempestas cum pluvia (3. hora);
26. 6.: tempestas cum grandine, usque ad noctem;
27. 6.: tempestas cum pluvia (2. hora);
5. 7.: tempestas sine pluvia;
15. 7.: tempestas sine pluvia;
Vesperi infra 6^a et 7^a (hora) fulmen tetigit turriculum in templo Raefing, non tamen incendit . . . ;
21. 7.: tempestas cum pluvia et vento;
26.–27. 7.: Messis nostra incepit – ea fuit finita;
18. 8.: tempestas cum pluvia et vento;
(in Cammern) . . . magna tempestas fuerit, quae grandinem misit ad instar ovi columbae magnitidinam . . . ;
23. 9.: Vindemia in Loys et Cammern;
(zwei Wirtschaftshöfe des Stiftes);
20. 10.: Dies dominica cum vento et pluvia plures impedivit, ne venirent peregrinatum;
(zur Wallfahrtskirche Rafings);
1671, 26. 1.: Iste et precedens mensis potius autumnalis quam hiemalis fuit, sine nivibus; et si quando occiderit, mox in aquas resolutae fuerunt;
1. 4.: . . . pluit;
2. 4.: ninxit tota die;
4. 4.: Solis radii nives in aquas dissolverunt;
11. 4.: Tonitrua et fulgura primum audita et visa fuere;
23. 4.: Eodem die redivi (de Rafing) in pluvia . . . ;
4. 5.: . . . fuit aura fere maialis;
16. 5.: tempestas;
5. 6.: tempestas; pluvia de nocte;
8. 6.: pulchra dies;
11. 6.: tempestas, pluvia;
11. 7.: tempestas sine pluvia;
14. 7.: tempestas;
28. 7.: Messis nostra incepta;
7. 8.: tempestas de nocte;
24. 8.: tempestas cum pluvia;
23. 9.: . . . redivi (de Windigsteig et Rafing) in pluvia;
17. 10.: (P. Prior in Rafing) duxit processionem in templo, quia pluit.

Die lokalbezogenen besonderen Witterungsgeschehnisse, die Abt JOHANN BERNHARD LINCK bis wenige Wochen vor seinem Tode in seinen Kalendarien aufzeichnete, unterscheiden sich – wie Tabelle 19 erkennen läßt – weder im Charakter noch im Umfang von ähnlichen zeitgenössischen meteorologischen Beobachtungen.

Hinsichtlich der Motive, die den Abt JOHANN BERNHARD LINCK zur Durchführung seiner Witterungsaufzeichnungen veranlaßt haben können, dürfte insbesondere die landwirtschaftlich strukturierte Wirtschaft des Klosters bestimmend gewesen sein. Vermutlich haben ferner seine botanisch-medizinischen Interessen eine nicht unerhebliche Rolle gespielt, denn die von ihm eingerichtete Klosterapotheke hing in ihrer Funktionsfähigkeit letztlich ab von dem witterungsbedingten Gedeihen der Kräutergärten des Stiftes.

Literatur: (45), (49), (68), (70), (71), (72).

2.20 Witterungsbeobachtungen von 1669–1690 im Zisterzienserstift Heiligenkreuz.

Beobachter: KLEMENS SCHÄFFER und ALBERICH HÖFFNER.

Während der stets hervorragend informierte G. WACHA Witterungsaufzeichnungen aus dem Zisterzienserstift Heiligenkreuz nicht erwähnt hat, schrieb N. WANIEK in seiner Dissertation im Jahre 1951:

„Vollständige Witterungstagebücher sind aus den Jahren 1669, 1689 und 1690 uns erhalten. Diese Eintragungen befinden sich, wie es zu jener Zeit üblich war, in Kalendern. Gemacht wurden diese Aufzeichnungen im Stift Heiligenkreuz bei Baden.

Die Aufzeichnungen in den Kalendern von 1669 und 1689 wurden im Stift Zwettl von dem Stiftsarchivar ALOIS WAGNER gefunden. Dieses Stift gehört übrigens zu den ausdauerndsten freiwilligen Mitarbeitern des meteorologischen Dienstes in Österreich. Der Kalender von 1690 mit den Wetterbeobachtungen wurde in Heiligenkreuz selbst von dem Stiftsarchivar HLAVATY gefunden."

Durchgeführt wurde die Beobachtungsreihe regelmäßiger täglicher Witterungsgeschehnisse im Stift Heiligenkreuz anfangs, d. h. seit dem Jahre 1669 von dem Abt KLEMENS SCHÄFFER (1629–1693). Von welchem Zeitpunkt an sie von dem äbtlichen Sekretär Prior P. ALBERICH HÖFFNER (1641–1717) fortgesetzt wurde, läßt sich heute nicht mehr ermitteln. Sicher ist, daß die Witterungsaufzeichnungen von 1689 und 1690 auf ihn zurückgehen. Eine Unterbrechung der meteorologischen Beobachtungstätigkeit muß für das Jahr 1683 angenommen werden, da Abt KLEMENS SCHÄFFER in Begleitung P. ALBERICH HÖFFNERs wegen derTürkengefahr – das Stift Heiligenkreuz wurde am 14. 7. 1683 von den Tataren geplündert und niedergebrannt, die Stadt Wien vom 15. 8.–12. 9. 1683 von den Türken unter dem Großwesir MUSTAPHA belagert – nach Oberösterreich und Bayern fliehen mußte.

Vermerkt sei hier, daß der Zwettler Stiftsarchivar P. ALOIS WAGNER von den aus Heiligenkreuz stammenden o. a. Kalendarien von 1669 und 1689 Abschriften anfertigte oder anfertigen ließ und die Originalkalender im Jahre 1933 nach Heiligenkreuz restituierte. Der dortige Stiftsarchivar P. FRIEDRICH HLAWATCH – nicht HLAVATY – trug auf der Rückseite des Kalenders von 1689 ein:

„Am 29. Juli 1933 brachte diesen Kalender (Eintragungen von P. Alberich Höffner) u. den v. J. 1669 (Abt Klemens) unser Kleriker FR. OTTO LINDENTHAL aus dem Stifte Zwettl, wohin beide auf unbekannte Weise hingekommen sind. Durch einen Theologie-Professor P. FRIEDRICH?"

Gegründet wurde das Zisterzienserkloster Heiligenkreuz von dem Babenberger Markgrafen LEOPOLD III. (1096–1136), dessen Bedeutung für die Landesgeschichte Österreichs durch seine Heiligsprechung unter Kaiser FRIEDRICH III. (1415–1493) und seine Proklamierung zum Landespatron im Jahre 1485 verdeutlicht wird. Den eigentlichen Anstoß zur Klostergründung gab indessen OTTO I. VON BABENBERG, der Sohn LEOPOLDs III., der 1138 zum Bischof von Freising berufen wurde. OTTO I., der Oheim Kaiser FRIEDRICHs I. BARBAROSSA (ca. 1122–1190), galt durch seine Schriften „Chronica vive de duabus civitatibus" und die Taten seines großen Neffen schildernde „Gesta Friderici" als einer der bedeutendsten Geschichtsschreiber und Geschichtsphilosophen des Mittelalters.

Bereits unter dem ersten Abt GOTTSCHALK († 1148/49) erlangte das Kloster Heiligenkreuz, die dritte Gründung von Citeaux im deutschen Raum, eine bemerkenswerte Bedeutung und bis nach Ungarn und Böhmen wirkende Ausstrahlungskraft. So war es u. a. schon 1138 in der Lage, die Zisterze Zwettl im österreichischen Nordwald zu besiedeln. Seit 1187 verfügte das Kloster über die größte Sammlung von Kreuzreliquien nördlich der Alpen, die der Babenberger Herzog LEOPOLD V. (1177–1194) im Jahre 1182 von seiner Wallfahrt nach Jerusalem mitgebracht und dem Stift übergeben hatte.

Nach mehrfachen früheren An- und Umbauten wurde das Stift Heiligenkreuz in der Zeit von 1220–1240 in burgundischer Gotik erneuert und erhielt einen Kreuzgang mit 300 Säulen aus rotem Marmor. Gleichzeitig erfolgte die Einrichtung des Kapitelsaales als Mausoleum der Babenberger.

Welche wirtschaftliche Macht und welchen Einfluß das Kloster gewann, geht daraus hervor, daß es z. B. im Jahre 1293 über Besitzungen und Güter in 170 Orten in Niederösterreich, Streubesitz um Judenburg in der Steiermark und vom 14. Jahrhundert an auch um St. Veit in Kärnten verfügte sowie Stadthöfe in Wien, Bruck an der Leitha, Wiener Neustadt und in Ungarn in Preßburg, Ödenburg, Wieselburg und Ofen besaß.

Die kulturelle Wirksamkeit der Zisterze Heiligenkreuz, schon unter dem ersten Abt GOTTSCHALK einsetzend – seine annalistischen Aufzeichnungen gingen leider verloren – erreichte einen ihrer Höhepunkte in dem Werk: „Historia Annorum" des Mönches GUTOLF (1245– ca. 1300), der als frühhumanistischer Dichter und Philologe in die Annalen der Landesgeschichte einging.

Im 14. und 15. Jahrhundert führten Fehden und die Ungarnkriege von 1477–1488, insbesondere die Katastrophenjahre 1529 und 1532, in denen Tataren das Stift und Klostergüter niederbrannten, zu einem gewissen Niedergang, aber bereits unter den sogen. schwäbischen Äbten KONRAD SCHMID (1548–1558) und ULRICH MÜLLER (1558–1585) wurde ein neuer Aufschwung eingeleitet, der einerseits geprägt war durch intensive Seelsorgearbeit und Förderung von Wissenschaft und Kunst, andererseits durch heftige Abwehrreaktionen gegen die protestantisch gewordenen Landstände Niederösterreichs, die Ansprüche auf Klostergut und Klosterdörfer erhoben.

Häufige Besuche der Habsburger im Stift Heiligenkreuz bewirkten noch vor 1580 die Reaktivierung der mittelalterlichen Klosterschule als Sängerknabenkonvikt, die Pflege der polyphonen Musik sowie des barocken Theaters. In dem Zeitabschnitt von 1637–1665 wurde ein kaiserliches Absteigequartier errichtet und neben der Modernisierung der Konventsräume der frühbarocke Klosterbau mit von Lauben und Arkaden geschmückten Stiftshof von ANGELO und DOMENICO CANAVALE geschaffen. Entgegen der Tradition der Zisterzienser ließ Abt KLEMENS SCHÄFFER (1658–1693) neben der Kirche einen mächtigen Turm errichten. Er und sein Prior P. ALBERICH HÖFFNER hinterließen als Zeugnisse ihrer Tätigkeit zahlreiche historische Manuskripte. Nach dem Desaster vom 14. 7. 1863 widmeten Abt KLEMENS SCHÄFFER und nach ihm Abt MARIAN SCHIRMER (1693–1705) ihre Kräfte dem Wiederaufbau des geplünderten und niedergebrannten Klosters.

Wie schon vermerkt, erstreckten sich die vielseitigen Interessen des am 27. 2. 1629 zu Wien geborenen Abtes KLEMENS SCHÄFFER auch auf die Durchführung einer meteorologischen Beobachtungsreihe, die im Jahre 1669 im Stift Heiligenkreuz begann. Nach Ablegung der Gelübde am 1. 1. 1648 studierte SCHÄFFER in Wien Theologie und Philosophie, feierte am 26. 5. 1654 seine Primiz und war vom 30. 9. 1654 bis 13. 5. 1656 Abt-Sekretär, vom 12. 11. 1655 bis 13. 8. 1657 Subprior und anschließend Prior. Am 11. 4. 1658 erfolgte seine Abtwahl, die am 25. 5. des gleichen Jahres von Kaiser LEOPOLD I. (1640–1705) bestätigt wurde. Abt KLEMENS SCHÄFFER starb am 31. 3. 1693 im Stiftshof zu Wien und wurde in der Abteikirche beigesetzt.

Fortgesezt wurden die bis zum Jahre 1690 angestellten regelmäßigen täglichen Heiligenkreuzer Witterungsaufzeichnungen von dem am 7. 9. 1641 zu Neisse in Preussisch-Schlesien geborenen Prior P. ALBERICH HÖFFNER, der am 29. 9. 1662 Profeß ablegte und am 18. 9. 1667 primizierte. Er wirkte im Stift u. a. von April 1668 bis Januar 1682 als Bibliothekar, ferner von Januar 1672 bis Januar 1693 als äbtlicher Sekretär und von Januar 1682 bis Januar 1693 als Prior. In der Folge bekleidete er wechselnde Funktionen in Trumau, Wien und Neuberg, kehrte im April 1701 in das Stift Heiligenkreuz zurück, um bis zu seinem Tode abermals äbtlicher Sekretär zu werden. Daneben nahm er von 1701–1702 und von 1711–1712 das Amt des Hofmeisters in Wien wahr, feierte 29. 9. 1712 seine Jubelprofeß und starb als Senior am 25. 2. 1717. Im westlichen Flügel des Kreuzganges fand P. ALBERICH HÖFFNER seine letzte Ruhestätte.

Anfangs hat P. Prior ALBERICH HÖFFNER wie vor ihm Abt KLEMENS SCHÄFER für die wahrscheinlich land- und bauwirtschaftlich motivierten Witterungsaufzeichnungen die gleichen „Crackawer Schreib-Kalender bzw. Calendarien von Prof. Dr. NIKOLAUS ZORAWSKI" verwendet, die im Zisterzienserstift Zwettl auch der Abt JOHANN BERNHARD LINCK für denselben Zweck benutzte. Die fraglichen Kalender erschienen zu Wien in der Druckerei von MATTHAEUS COSMEROIJ, die SUSANNA COSMEROVIN später weiterführte.

Als Beispiel für die meteorologische Tätigkeit des Priors P. ALBERICH HÖFFNER im Stift Heiligenkreuz bei Baden werden die regelmäßigen täglichen Witterungsaufschreibungen für den Monat

Juli 1690 herangezogen, die sich in einem Exemplar des *„Neuen Saltzburger Schreib-Kalenders auff das Jahr M. DC. XC von Dr. Johann Adamum Stöer"* befinden, gedruckt in „Saltzburg bey Johann Baptist Mayr". Der Band wird im Stiftsarchiv Heiligenkreuz unter der Signatur: „Rub. 3, Fasc. IX, Nr. 4" geführt. Die Abbildung 8 zeigt die Titelseite dieses Schreib-Kalenders.

Abbildung 8: Titelseite des von Prior P. ALBERICH HÖFFNER im Jare 1690 für Witterungsaufzeichnungen verwendeten „Neuen Saltzburger Schreib-Kalenders", Stiftsarchiv Heiligenkreuz, Sign. „Rub. 3, Fasc. IX, Nr. 4".

Die linken gedruckten Seiten des „Neuen Saltzburger Schreib-Kalenders" für das Jahr 1690 enthalten für jeden Monat neben den Kalendertagen mit den zugehörigen Heiligen auch astronomische Angaben sowie astrologisch berechnete Witterungsprognosen. Auf den rechten Seiten befinden sich gedruckte botanische und ähnliche Hinweise, Sinnsprüche und auf den freien Stellen die handschriftlichen Einträge des Priors P. ALBERICH HÖFFNER in lateinischer Sprache, die sich abgesehen von der Aufzeichnung der täglichen Witterung auch auf die Angabe von Gästen des Stiftes und Vermerke über einzelne Patres erstrecken.

Die in der Tabelle 20 zusammengestellten meteorologischen Beobachtungen für den Monat Juli 1690 sind in Qualität, Charakter und Umfang so eindeutig, daß sich ein Kommentar erübrigt. Der Verlust des Großteiles der regelmäßig täglich durchgeführten Heiligenkreuzer Beobachtungsreihe von 1669–1690 ist daher besonders bedauerlich.

Tabelle 20:
Beobachtungen im Stift Heiligenkreuz

1690, Juli:

1.) Mane subturbidum et temperatum, à grandio tempestuoso.
2.) Mane nebulosum, à grandio tempestuosum vti et de nocte.
3.) Turbidum et à grandio tempestuoso.
4.) Mane turbidum et modicé humidu à grandio subserenu et calidum.
5.) Mane modicè nebulosum, inde serenum et calidum eu modica aura calor et temperante.
6.) Summo mane tempestas inde amoenem temperies ad grandiu, gaio pluviosum, exinde subturbidum et temperatum.
7.) Maiori ex parte turbidum, et à grandio pluvioso cum tonitru.
8.) Subturbidum et calidum.
9.) Mane pluviosum, inde subturbidum et calidum.
10.) Mane turbidum cum aura refugerante, à grandio serenu et calidum.
11.) Partim turbidum partim serenu et moderatè calidum.
12.) Partim turbidum partim serenu cum tonitru post grandio.
13.) Mane modicè nebulosum, inde serenu et calidum, calorè tamen temperante aura . . .
14.) Partim serenu partim turbidum.
15.) Ante grandiu pluviosum, à grandio subserenu.
16.) Serenum et mane subfrigidum, à grandio calidum.
17.) Subturbidum et mane subfrigidu, à grandio tempestuosu.
18.) Mane nebulosu inde serenum et calidum.
19.) Serenu et calidum.
20.) Subturbidum et calidum.
21.) Mane turbidum, à grandio pluvioso.
22.) Mane pluviosu, inde serenu et calidum.
23.) Mane nebulosu inde serenu et calidum cum modico tonitru circa vesperas.
24.) Ante grandium subturbidum et à grandio calidum cum tonitru circa vesperu.
25.) Serenum et calidum.
26.) Subturbidum et temperatum.
27.) Mane turbidu, à grandio pluvioso, vesperi serenu.
28.) Subturbidum et temperatum.
29.) Mane turbidum et subfrigidum, à grandio serenu et calidum.
30.) Subturbidum et mane subfrigidum, à grandio calidum.
31.) Serenum et calidum.

Literatur: (10), (45), (68), (72), (73).

2.21 Witterungsbeobachtungen und Getreidepreise im Ursulinenkloster Linz/Urfahr von 1679–1699.

Beobachterin: S. MARIA BERNARDINA

Als typisches Beispiel dafür, daß nicht nur in Kalender eingetragene Angaben der Witterung, sondern auch Aufzeichnungen in klösterlichen Wirtschaftschroniken wertvolle Hinweise sowohl auf Elementarereignisse als auch Witterungsabläufe zu erbringen vermögen, können die entsprechenden Chroniken des Ursulinenklosters in Linz/Urfahr herangezogen werden. Es liegt in der Natur der Sache, daß in derartigen Wirtschaftschroniken angegebene Witterungsangaben ausschließlich von hauswirtschaftlichen Standpunkten aus betrachtet und beurteilt, aber auch als Erklärungen für die jeweiligen Getreidepreise vermerkt worden sind.

Urfahr, am nördlichen Brückenkopf der Linzer Donaubrücke gelegen, wurde erstmals 1288 bzw. 1290 als Ort gegenüber Linz erwähnt, da die Einwohner dieses Ortes wegen unerlaubter Gastgebschaft lange mit Linz im Streit lagen. Der Bau der Donaubrücke im Jahre 1497 bedeutete natürlich für die Urfahrer Fährleute eine wirtschaftliche Katastrophe, der Linzer Kaufmannschaft erleichterte die neue Brücke die Förderung und Ausdehnung des Handels mit den Gebieten nördlich der Donau.

Seit Anfang des 16. Jahrhunderts bestand in Urfahr eine Nikolauskirche, deren Patrozinium aber auf die neue Kapuzinerkirche – seit 1785 Pfarrkirche – übertragen wurde. Das Kapuzinerkloster von St. Josef, welches die Seelsorge im Pfarrgebiet jenseits der Donau übernahm, bestand von 1680–1785.

In dem Kloster der Ursulinen, dessen Kirche im Jahre 1740 seine barocke Umgestaltung durch den Baumeister HASLINGER erfuhr, wurde die erwähnte Wirtschaftschronik in dem Zeitraum von 1679–1735 von der Prokuratorin und Küchenmeisterin S. MARIA BERNARDINA aufgezeichnet. Die etwa um 1670 geborene Tochter

Sabina des Bürgermeisters und Kaufmannes MATTHIAS KÖGLER zu Hall in Tirol, die nach ihrem Eintritt in den Orden der Ursulinen im Jahre 1690 eingekleidet worden war (Linzer Regesten E 1b, Reg. 1297: Ursulinenchronik), übte ihre vielseitigen Obliegenheiten im Kloster mehr als ein halbes Jahrhundert bis zu ihrem Tode am 25. 6. 1736 aus.

S. MARIA BERNARDINA hat in ihren Aufzeichnungen außer den jeweiligen Preisangaben der wichtigsten Getreidearten, nämlich Korn und Weizen, zusätzlich noch Notizen über den allgemeinen Witterungsverlauf sowie die Umstände, die zu Teuerungen oder auch Preisstürzen geführt hatten, vermerkt. Hinzugefügt wurden selbstverständlich Hinweise auf bemerkenswerte Geschehnisse des Klosterlebens.

Nach dem Tode S. MARIA BERNARDINAs im Jahre 1736 fehlen übrigens in den Chroniken des Ursulinenklosters die Angaben der Lebensmittelpreise (Linzer Regesten E 1b, Reg. 1584).

In seiner Arbeit *„Zur Wetterchronik des Linzer Raumes, 4. Kapitel: Das 16. und 17. Jahrhundert"* hat G. WACHA eine Zusammenstellung der wesentlichen Daten aus der Wirtschaftschronik des Ursulinenklosters publiziert, die von S. MARIA BERNARDINA in der Zeitspanne von 1679–1735 aufgezeichnet worden waren. Aus naheliegenden Gründen sind in der vorliegenden Arbeit jedoch nur die Angaben von 1679 bis 1699 berücksichtigt.

Hinsichtlich der in der Tabelle 21 angegebenen Getreidepreise gelten folgende Relationen: 1 fl (Gulden) = 8 ß (Schilling) = 60 kr (Kreuzer) = 240 d (Pfennig):

Tabelle 21:
Auszug aus der Wirtschaftschronik des Ursulinenklosters Linz/Urfahr von 1679–1699, aufgezeichnet von S. MARIA BERNARDINA, nach G. WACHA.

Jahr	1 Metzen Korn	1 Metzen Weizen	Bemerkungen
1679	1 fl	1 fl 30 kr	Preise steigen bei Ankunft des Hofes wegen Pestgefahr, später auch wegen der Türkengefahr.
1690	1 fl 30 kr	1 fl 45 kr	
1691	1 fl 15 kr	1 fl 45 kr	
1692	1 fl 7 ß	1 fl 3 ß	Mai
1693	3 fl	3 fl 30 kr	Teuerung durch langen Regen im Sommer.
1694	3 fl 30 kr 4 fl	4 fl	Am Anfang, im Frühjahr gestiegen; man erhält nur Korn, wenn man ebensoviel Weizen kauft; Gerste 2 fl 30 kr bis 3 fl.
1695	4–5 fl 3 fl 30 kr		im Herbst
1696	2 fl	2 fl 30 kr	März
1697	1 fl 15 kr	2 fl	
1698	1 fl 3 ß 1 fl 6 ß	3 fl	Frühjahr Sommer
1699	3 fl	3 fl 30 kr	Am Jahresanfang gestiegen und dann das Jahr hindurch gleich hoch.

Literatur: (45), (68).

2.22 Witterungsbeobachtungen von 1696–1697 in Wien.

Beobachter: ALOIS FERDINAND GRAF MARSIGLI.

Entgegen der Meinung G. HELLMANNs, die ersten instrumentellen meteorologischen Beobachtungen in der österreichischen Landeshauptstadt Wien seien im Jahre 1709 ausgeführt worden, hat ALOIS FERDINAND GRAF MARSIGLI bereits in der Zeit von 1696–1697 sowohl barometrische als auch thermometrische Messungen mit zusätzlichen Augenbeobachtungen von Wind, Regen, Schnee und Hagel angestellt und systematisch in tabellarischer Form aufgezeichnet.

Der am 20. 7. 1658 zu Bologna geborene und streng erzogene MARSIGLI (MARSILIUS) begleitete im Jahre 1680 den Venetianischen Konsul PETER CIURANI nach Konstantinopel und kehrte nach einem Aufenthalt von 11 Monaten, den er zu sorgfältigen Studien der Verhältnisse und Lebensbedingungen in der Türkei nutzte, über Griechenland und Dalmatien in seine Heimat zurück.

Der bevorstehende Türkenkrieg veranlaßte seinen Eintritt in Kaiserliche Dienste, aber schon 1682 geriet er bei einem Überfall an der Raab in die Gefangenschaft von Tataren, die ihn an ACHMET, Pascha von Temesvar, verkauften. In dessen Gefolge erlebte er die Belagerung von Wien durch die Türken vom 15. 8.–12. 9. 1683. Nach der Hinrichtung ACHMETs durch Gift wurde Graf MARSIGLI von bosnischen Soldaten gekauft, die ihn u. a. nach Dalmatien verschleppten, bis er endlich durch Konsul CIURANI freigekauft werden konnte. Trotz seiner bitteren Erlebnisse setzte Graf MARSIGLI seine Kriegsdienste bis zum Frieden von Karlowitz fort, der am 26. 1. 1699 mit den Türken geschlossen wurde. Im Jahre 1703 wurde er als General-Wachtmeister neben dem Grafen von ARCO zum Kommandanten der bedeutenden Festung Breisach am Rhein ernannt. Wegen der unrühmlichen Übergabe dieses wichtigen Stützpunktes an die Franzosen wurde ARCO am 15. 2. 1704 enthauptet, Graf MARSIGLI aber in Bregenz mit der Zerbrechung seines Degens aller Ämter und Würden enthoben.

Der von dem Breisacher Desaster tief getroffene Graf MARSIGLI kehrte nun nach Bologna zurück und ging hier seinen alten, u. a. durch seine Wiener meteorologischen Beobachtungen von 1696–1697 bezeugten wissenschaftlich-technischen Interessen nach, befaßte sich mit der Herstellung von Uhren und verschiedenartigen Instrumenten, folgte dann einer Einladung König LUDWIGS XIV. von Frankreich (1638–1715) nach Paris, wo er von dem Monarchen rehabilitiert wurde. MARSIGLIs Aufnahme in die Königliche Akademie der Wissenschaften zu Paris war übrigens bereits im Jahre 1703 erfolgt. Aus gesundheitlichen Gründen wählte MARSIGLI in Frankreich jedoch nicht Paris, sondern Montpellier zum Aufenthaltsort, wurde in die dortige Königliche Akademie der Wissenschaften aufgenommen und widmete sich Untersuchungen des Wassers und der Flora des Mittelmeeres.

Als eine besondere Episode in dem bewegten Leben MARSIGLIs ist zu erwähnen, daß ihm Papst CLEMENS XI. (1700–1721) im Jahre 1708 das Kommando seines kleinen Heeres gegen Kaiser JOSEPH I. (1678–1711) übergab. Der wegen der Besetzung der Reichslehen Parma, Commacchio und Piacenza entstandene Konflikt konnte allerdings zu Anfang des Jahres 1709 friedlich beigelegt werden.

Anschließend begründete ALOIS FERDINAND GRAF MARSIGLI in Bologna sein „Institutum scientiarum", das in kurzer Zeit berühmt wurde. Da das Privathaus des Grafen den Bedürfnissen und Anforderungen bald nicht mehr genügte, ergriff der Senat der Stadt die Initiative, stellte ein geräumiges Haus nebst Laboratorium, Bibliothek und Sternwarte zur Verfügung und sorgte für die Anstellung und Besoldung von Professoren und Hilfskräften. Am 12. 3. 1714 erfolgte die feierliche Einweihung der neuen Akademie, die 1724 erweitert werden mußte.

MARSIGLI begab sich nun nach England, wo er Mitglied der Königlichen Societät der Wissenschaften wurde. Um seine in Südfrankreich begonnenen Meeresuntersuchungen fortzusetzen, arbeitete er anschließend an den Küsten Nordfrankreichs, Flanderns und der Niederlande, wo er in enge Beziehungen zu dem berühmten HERMANN BOERHAAVE (1668–1738) in Leiden trat, dem die gelehrte Welt den Ehrentitel „communis totius Europae praeceptor" zuerkannt hatte.

Kurze Zeit nach seiner Heimkehr nach Bologna erlag Graf MARSIGLI am 2. 11. 1730 einer schweren Erkrankung.

Abgesehen von vielen gelehrten Briefen hat MARSIGLI 20 wissenschaftliche Schriften und Arbeiten hinterlassen, von denen einige erst posthum veröffentlicht wurden. Erwähnt seien aus diesem Material hier nur die Jahre 1705 in italienischer, französischer und deutscher Sprache erschienenen Verteidigungsschriften über die leidige Breisacher Affaire, dann das Werk *„Histoire physique de la Mer, Amsterdam 1725"* und selbstverständlich vor allem das Prachtwerk *„Danubius"*, in dessen Band 6 sich die eingangs erwähnten instrumentellen Wiener meteorologischen Beobachtungen von 1696–1697 befinden. Der vollständige Titel des in lateinischer Sprache geschriebenen Bandes lautet in deutscher Übersetzung „Untersuchungen der Donau in Pannonien und Mösien nach geographischen, astronomischen, hydrographischen, historischen und physikalischen Gesichtspunkten in 6 Bänden von Aloisius Ferdinand Graf Marsigli, Mitglied der Königlichen Gesellschaften von Paris, London und Montpellier. 6. Band, Haag bei P. Gosse, R. Chr. Alberts, P. von Hondt, Amsterdam, bei Herm. Uytwerf und Franz Changuion. 1726."

Seine ursprüngliche Absicht, ein fünfbändiges Werk über die Donau zu verfassen, erweiterte und ergänzte MARSIGLI mit dem Band 6, in dessen Vorwort er betonte, daß er „weitere verschiedenartige Beobachtungen sowie sonstiges Material zusammengebracht habe, das zwar nur in losem Zusammenhang mit der Donau stünde und überdies keine Beziehungen zu dem in den ersten fünf Bänden behandeltem Stoff habe".

In dem Kapitel „Beobachtungen mit Barometern und Thermometern" auf den Seiten 85 ff des erwähnten 6. Bandes hat MARSIGLI einen wichtigen Kommentar über die Gründe und Absichten mitgeteilt, die ihn zur Durchführung seiner meteorologischen Beobachtungen in der Zeit von Dezember 1696 bis August 1697 veranlaßten. Er schrieb an der genannten Stelle: „Immer habe ich erfahren, von wie großem Nutzen Barometer- und Thermometerbeobachtungen sind, für die Dinge, welche zusammenhängen können mit Wind, Regen, Schnee und Hagel. Deshalb habe ich diese Beobachtungen angestellt am Donauufer, soweit es meine Geschäfte gestatten. Zuerst sank mir der Mut, da ich nicht wußte, ob derartige Versuche in Gebrauch seien bei anderen in den verschiedenen Nationen, sowohl an den Meeresküsten als auf den Berggipfeln. Ich sah nämlich, daß diese von mir allein angestellten Beobachtungen ohne die Stütze anderer (Beobachtungen) zu wenig Nutzen bringen würden, für die Systeme, welche aufgestellt werden hätten können für eine wahrhafte Experimentalphilosophie. Nun aber erquickt es mich zu sehen, daß dies von unserer Königlichen Gesellschaft in England angestrebt wird und bei den gebildeten Nationen Europas. Wenn nun in dem Zeitraum von 30 Jahren eine Reihe derartiger Beobachtungen zusammengestellt würde wenigstens in allen Teilen Europas (und hoffentlich auch des uns bekannten Indiens), könnten wir eine feste Hypothese über mehrere Dinge anstellen."

In seiner Dissertation, Wien 1951 hat N. WANIEK u. a. auf S. 16 ein Verzeichnis der ersten instrumentellen meteorologischen Beobachtungen in Europa angegeben. Darin ist z. B. für Deutschland als Ort Kiel mit dem Jahr 1679 genannt.

Diese noch immer weit verbreitete Meinung beruht jedoch auf einem Irrtum, denn tatsächlich hat der Universalgelehrte GOTTFRIED WILHELM LEIBNIZ (1646–1716) auf Anregung des französischen Physikers EDME MARIOTTE (1620–1684) bereits im Jahr 1678 unter Verwendung eines HOOKEschen Radbarometers und eines Thermometers mit Doppelskala vermutlich französischer Herkunft in Hannover entsprechende Beobachtungen ausgeführt. Das erhaltene Beobachtungs-Journal mit dem Titel *„Le Cours du Ver de temps. L' observée 1678"* befindet sich im Besitz der Handschriften-Abteilung der Staatsbibliothek Hannover.

GOTTFRIED WILHELM LEIBNIZ hatte seinerseits dem Kieler Professor SAMUEL REYHER (1635–1714) mit einem Brief vom 12. 8. 1679 den Wunsch EDME MARIOTTEs um mehrmonatige, dreimal tägliche Kieler Beobachtungen des Luftdruckes, der Luftwärme des Windes und der Himmelsansichten übermittelt, die der französische Gelehrte für seine meteorologischen Forschungen benötigte. SAMUEL REYHER, ohnehin persönlich an Untersuchungen von Witterungsproblemen interessiert, griff den Vorschlag ohne Zögern auf und begann seine meteorologische Beobachtungsreihe Ende Dezember 1679. Aus eigener Initiative setzte er sie über den ungewöhnlich langen Zeitraum von 34 Jahren bis 1713 ununterbrochen fort.

Somit steht fest, daß nicht SAMUEL REYHER in Kiel die ersten deutschen instrumentellen meteorologischen Beobachtungen ausführte, wohl aber sind seine in den *„Observationes tricennales circa frigus hyemale ex Ephemeridibus V. Cl. Berolini MDCCX"* mitgeteilten Kieler Temperatur-Minima die ersten durch Druck veröffentlichten deutschen Temperaturmessungen. Übrigens gelang es W. LENKE, die REYHERschen Temperaturgrade in Celsiusgrade umzurechnen.

Von welchen instrumentellen meteorologischen Meßreihen bei den „gebildeten Nationen Europas" MARSIGLI Kenntnis erlangte, hat er nicht näher präzisiert. Allein aus dem deutschen Sprachraum sind, beginnend im letzten Jahrzehnt des 17. Jahrhunderts, die folgenden Reihen unterschiedlicher Dauer überliefert:

Tübingen	1691–1717	Rudolf Jakob Camerarius	(1665–1721)
Halle	1694–1695	Georg Ernst Stahl	(1660–1704)
Nürnberg	1695–1700	Georg Christoph Eimmart	(1638–1705)
Guben	1697	Maria Margaretha Kirch	(1670–1720)
Berlin	1700–1714	Gottfried Kirch und Maria Margaretha Kirch	(1639–1710)
Halle	1700	Friedrich Hoffmann	(1660–1742)

Wie bereits erwähnt, umfassen die Witterungsbeobachtungen MARSIGLIs den Zeitraum von Dezember 1696 bis einschließlich August 1697. Aus den tabellarischen Zusammenstellungen geht hervor, daß die barometrischen Messungen schon am 19. Dezember 1696 einsetzten, während die thermometrischen Messungen erst mit dem 23. Januar 1697 aufgenommen wurden. Bestimmend für diese Tatsache waren vermutlich die verschiedenen Liefer-

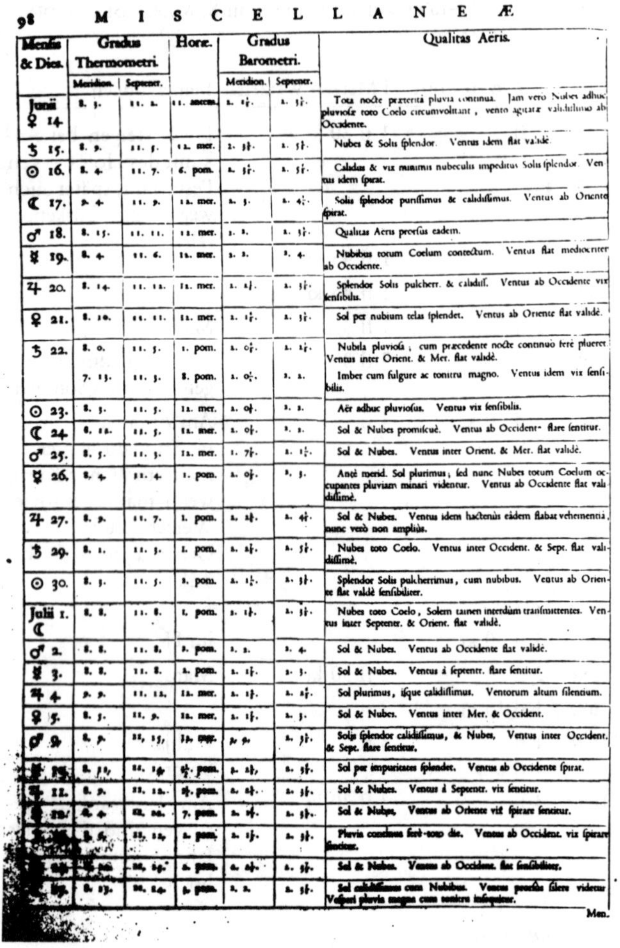
98 MISCELLANEÆ

Mensis & Dies.	Gradus Thermometri. Meridion.	Septentr.	Horæ.	Gradus Barometri. Meridion.	Septentr.	Qualitas Aëris.
Junii ♀ 14	8. 3.	11. 2.	11. antem.	2. 1½.	2. 3½.	Tota nocte præterita pluvia continua. Jam vero Nubes adhuc pluviosæ toto Coelo circumvolitant, vento agitatæ validissimo ab Occidente.
♄ 15.	8. 9.	11. 5.	12. mer.	2. 3½.	2. 5½.	Nubes & Solis splendor. Ventus idem flat validè.
☉ 16.	8. 4.	11. 7.	6. pom.	2. 3½.	2. 5½.	Calidus & vix minimis nubeculis impeditus Solis splendor. Ventus idem spirat.
☾ 17.	9. 4.	11. 9.	12. mer.	2. 3.	2. 4½.	Solis splendor purissimus & calidissimus. Ventus ab Oriente spirat.
♂ 18.	8. 15.	11. 11.	12. mer.	2. 2.	2. 3½.	Qualitas Aeris prorsus eadem.
☿ 19.	8. 4.	11. 6.	12. mer.	2. 2.	2. 4.	Nubibus totum Coelum contectum. Ventus flat mediocriter ab Occidente.
♃ 20.	8. 14.	11. 12.	12. mer.	2. 1½.	2. 3½.	Splendor Solis pulcherr. & calidiss. Ventus ab Occidente vix sensibilis.
♀ 21.	8. 10.	11. 11.	12. mer.	2. 1½.	2. 3½.	Sol per nubium telas splendet. Ventus ab Oriente flat validè.
♄ 22.	8. 0.	11. 5.	1. pom.	2. 0½.	2. 1½.	Nubila pluviosa; cum præcedente nocte continuo ferè plueret. Ventus inter Orient. & Mer. flat validè.
	7. 13.	11. 3.	8. pom.	2. 0½.	2. 2.	Imber cum fulgure ac tonitru magno. Ventus idem vix sensibilis.
☉ 23.	8. 3.	11. 5.	12. mer.	2. 0½.	2. 2.	Aër adhuc pluviosus. Ventus vix sensibilis.
☾ 24	8. 12.	11. 5.	12. mer.	2. 0½.	2. 2.	Sol & Nubes promiscuè. Ventus ab Occidente flare sentitur.
♂ 25.	8. 5.	11. 3.	12. mer.	1. 7½.	2. 1½.	Sol & Nubes. Ventus inter Orient. & Mer. flat validè.
☿ 26.	8. 4.	11. 4.	1. pom.	2. 0½.	2. 3.	Antè merid. Sol plurimus; sed nunc Nubes totum Coelum occupantes pluviam minari videntur. Ventus ab Occidente flat validissimè.
♃ 27.	8. 9.	11. 7.	1. pom.	2. 2½.	2. 4½.	Sol & Nubes. Ventus idem hactenùs eâdem flabat vehementia, nunc verò non ampliùs.
♄ 29.	8. 1.	11. 3.	1. pom.	2. 2½.	2. 5½.	Nubes toto Coelo. Ventus inter Occident. & Sept. flat validissimè.
☉ 30.	8. 3.	11. 5.	2. pom.	2. 1½.	2. 3½.	Splendor Solis pulcherrimus, cum nubibus. Ventus ab Oriente flat valdè sensibiliter.
Julii 1. ☾	8. 8.	11. 8.	1. pom.	2. 1½.	2. 3½.	Nubes toto Coelo, Solem tamen interdùm transmittentes. Ventus inter Septentr. & Orient. flat validè.
♂ 2.	8. 8.	11. 8.	2. pom.	2. 2.	2. 4.	Sol & Nubes. Ventus ab Occidente flat validè.
☿ 3.	8. 8.	11. 8.	2. pom.	2. 1½.	2. 3.	Sol & Nubes. Ventus à septentr. flare sentitur.
♃ 4.	9. 9.	11. 12.	12. mer.	2. 1½.	2. 2½.	Sol plurimus, isque calidissimus. Ventorum altum silentium.
♀ 5.	8. 5.	11. 9.	12. mer.	2. 1½.	2. 3.	Sol & Nubes. Ventus inter Mer. & Occident.
♂ 9.	8. 9.	11. 15.	12. mer.	[illegible]	2. 3½.	Solis splendor calidissimus, & Nubes. Ventus inter Occident. & Sept. flare sentitur.
[illegible]	[illegible]	11. 14.	[illegible] pom.	2. 2½.	2. 3½.	Sol per impuritates splendet. Ventus ab Occidente spirat.
[illegible] 12.	8. 9.	11. 12.	[illegible] pom.	2. 2½.	2. 3½.	Sol & Nubes. Ventus à Septentr. vix sentitur.
[illegible]	[illegible]	[illegible]	7. pom.	2. 2½.	2. 3½.	Sol & Nubes. Ventus ab Oriente vix spirare sentitur.
[illegible]	[illegible]	11. 12.	2. pom.	2. 1½.	2. 3½.	Pluvia continua ferè toto die. Ventus ab Occident. vix spirare sentitur.
[illegible]	[illegible]	[illegible]	2. pom.	2. 2½.	2. 3½.	Sol & Nubes. Ventus ab Occident. flat sensibiliter.
[illegible]	8. 13.	11. 14.	[illegible] pom.	2. 2.	2. 3½.	Sol calidissimus cum Nubibus. Ventus prorsus silere videtur. Vesperi pluvia magna cum tonitru insequitur.

Men.

Abbildung 9: Beispiel einer Originalseite aus dem „Danubius, Bd. 6, Wien 1726" mit den Wiener meteorologischen Beobachtungen Graf MARSIGLIs vom 14. 6.–15. 7. 1697.

Tabelle 22:
Graf MARSIGLIs Wiener Wetterbeobachtungen vom 1.-15. 6. 1697 aus einem Exemplar des „Danubius", Bd. 6, Wien 1726" der Österreichischen Nationalbibliothek Wien.

OBSERVATIONES 1697

Mensis Dies	Gradus Thermometri		Horae	Gradus Barometri		Qualitas Aeris
	Mer.	Sept.		Mer.	Sept.	
Junii						
1.	7.14	10.12	6. am.	2.4	$2.6\frac{3}{8}$	Sol & Nubes, Ventus inter Occas. & Mer. valdè sensibilis.
2.	9.0	11.0	12. mer.	2.3	$2.5\frac{2}{8}$	Sol & Nubes. Ventus inter Occas. & Bor. flat mediocriter.
3.	8.4	10.12	8. am.	$2.3\frac{1}{2}$	$2.5\frac{6}{8}$	Coelum praeter exiguas nebuculas, purum. Ventus idem valdè sensibiliter flat.
4.	8.4	11.1	$0\frac{1}{2}$. pm.	$2.3\frac{2}{8}$	$2.5\frac{6}{8}$	Sol eâdem puritate splendet. Ventus inter Occident. & Mer. validus.
5.	8.11	11.3	12. mer.	$2.3\frac{2}{8}$	$2.5\frac{5}{8}$	Coelum purissimum. Ventus inter Mer. & Orient. flat sensibiliter.
	8.0	11.2	$7\frac{1}{2}$. pm.	2.3	$2.5\frac{3}{8}$	Coelum purissimum. Ventus aliquantò Orientalior flat validè.
6.	8.4	11.6	$\frac{3}{4}$. pm.	$2.2\frac{3}{8}$	2.4	Coelum purissimum. Ventus idem impetuosissimè furit.
	8.1	11.5	$8\frac{1}{2}$. pm.	2.2	$2.3\frac{5}{8}$	Eadem planè tempestas.
7.	8.2	11.2	12. mer.	$2.2\frac{5}{8}$	$2.4\frac{7}{8}$	Nubes totum Coelum occupant, decidente interdùm pluvia. Ventus ab Occasu flat cum magno impetu.
8.	8.14	11.8	12. mer.	$2.2\frac{2}{8}$	2.4	Coelum pulchrum. Nubes exiguae. Ventus ab Oriente flare sentitur.
	8.1	11.4	8. pm.	$2.1\frac{6}{8}$	$2.3\frac{5}{8}$	Tempestas eadem prorsus.
9.	8.3	11.4	3. pm.	$2.1\frac{6}{8}$	$2.3\frac{5}{8}$	Sol debiles per nubes radios emittit, post pluviam largissimam.
10.	8.4	11.5	2. pm.	$2.2\frac{7}{8}$	$2.4\frac{7}{8}$	Coelum ferè omne nubibus contectum. Ventus inter Occidenten & Septentrien. spirat.
12.			12. mer.	$2.2\frac{2}{8}$	$2.4\frac{1}{8}$	Coelum serenum. Ventus ab Oriente flat validè.
13.	8.14	11.8	12. mer.	$1.7\frac{6}{8}$	$2.1\frac{2}{8}$	Nubes & Solis splendor calidus. Ventus ab Oriente sentitur.
14.	8.3	11.2	11. am.	$2.1\frac{1}{8}$	$2.3\frac{2}{8}$	Totá nocte praeteritâ continua – Jan verò Nubes adhuc pluviosae toto Coelo circumvolitant, vento validissimo ab Occidente.
15.	8.9	11.5	12. mer.	$2.3\frac{4}{8}$	$2.5\frac{4}{8}$	Nubes & Solis splendor. Ventus idem flat validè.

termine der Instrumente, über deren Herkunft und Konstruktion keine Angaben vorliegen. Der Wertgehalt der von MARSIGLI publizierten Zahlenangaben seiner barometrischen und thermometrischen Messungen entzieht sich folglich jeglicher Beurteilung.

Zur Aufstellung der von ihm verwendeten Geräte hat MARSIGLI die folgenden Angaben mitgeteilt: „Barometer habe ich angebracht gegen Süden und Norden; Thermometer eins gegen Osten, eins gegen Westen und ein weiteres gegen Süden und eins gegen Norden." Hinsichtlich des Aufstellungsplatzes bzw. Ortes „am Donauufer" liegen keine konkreten Angaben vor.

Es folgen dann die Erklärungen: „Diese Bemerkungen habe ich in den folgenden Tafeln verteilt. Diesen gab ich bei, eine Rubrik für Schnee, außer den übrigen gewöhnlich angewendeten, den Zeichen für Wind, Wolken für „bewölkt", Wolken und Sonne, weil an diesem Tage Wolken erschienen und die Sonne allein, weil an diesem Tage die Sonne ununterbrochen schien.

Ferner füge ich mehrere Erklärungen hinzu, die der Leser leicht bemerken wird, besonders wenn er solche Beobachtungen anderswo zusammengestellt hat."

In der Tabelle 22 sind als Beispiel zunächst die meteorologischen Beobachtungen MARSIGLIS aus Wien für die Zeit vom 1.-15. 6. 1697 in der tabellarischen Form enthalten, wie sie in einem Exemplar des „Danubius, Bd. 6, Wien 1726" der Österreichischen Nationalbibliothek Wien veröffentlicht worden sind.

Die Abbildung 9 zeigt eine Originalseite aus dem erwähnten Exemplar des „Danubius, Bd. 6, Wien 1726" mit den meteorologischen Beobachtungen Graf Marsiglis vom 14. 6.-15. 7. 1697.

Verständlicherweise bemühte sich MARSIGLI um Folgerungen und Konsequenzen aus seinen regelmäßigen täglichen Wetterbeobachtungen von Dezember 1696 bis August 1697. Zu den Barometerbeobachtungen aus diesem Zeitraum vermerkte er z. B. auf den Seiten 101 ff des 6. Bandes seines Werkes:

1.) Ich bemerke, daß auf den Barometern, einem gegen Süden und einem gegen Norden, bei einer auf beiden Barometern zur selben Zeit angestellten Beobachtung, sei es Vormittag oder Nachmittag, das Quecksilber in dem nach Süden gerichteten Barometer mehr als doppelt oder dreifach soviele Grade erreicht, wie in dem nach Norden gerichteten, und zwar nach Beobachtungen im Winter und einem großen Teil des Frühjahrs, nämlich von Dezember bis zum 8. Mai. Doch im Gegensatz dazu ändert sich die Reihenfolge bei den Beobachtungen um das Frühlingsende und im Hochsommer, das ist vom 21. Mai bis 30. August 1697. Immer stieg das Nordbarometer mehr Grade als das Südliche, wenn auch zu dieser Zeit der Anstieg des Nord-Barometers, gegenüber dem südlichen weit geringer war als früher der Vorsprung des Südbarometers vor dem nach Norden eingestellten. Dies alles zeigen klar die auf den Tafeln dargestellten Beobachtungen.

2.) Ich bemerke, daß das Barometer in den Vormittagsstunden viel öfter höher steigt als in den Nachmittagsstunden, nach den Beobachtungen an demselben Südbarometer, sowohl in den Vormittagsstunden als Nachmittag, obwohl sie nicht nach einer bestimmten Regel vor sich gehen, sondern das Barometer bald vormittag, bald nachmittag höher steigt.

Etwas Ähnliches ist auch zu beobachten, an demselben Nordbarometer sowohl in den Vormittags- wie in den Nachmittagsstunden. Aber es ist nicht außer acht zu lassen, daß, wenn an einem Tage das Südbarometer steigt, am Vormittag gegenüber dem Nachmittag oder im Gegenteil am Nachmittag gegenüber dem Vormittag, daß also am Nordbarometer am selben Tage das Quecksilber nicht auch so steigt; denn trotz der ganz ähnlichen Reihenfolge tritt ebenso oft das Gegenteil ein, wie aus den Tabellen hervorgeht. Während nämlich an dem Südbarometer die Grade vormittag zunehmen und nachmittag abnehmen, nehmen sie an demselben Tage am Nordbarometer vormittag ab und nachmittag zu.

Es braucht und kann hier nicht auf die gleichermaßen langatmigen wie verworrenen „Bemerkungen" MARSIGLIs eingegangen werden, in denen er versuchte, Zusammenhänge oder Regeln zwischen verschiedenen Witterungsfaktoren wie z. B. Wind und Barometerstand, Schnee und Barometerstand, Thermometer- und Barometerstand etc. zu ergründen. Als Fazit seiner Analysen kam er schließlich resignierend zu der Erkenntnis:

„Also aus all dem geht klar hervor, daß das Steigen und Fallen des Thermometer- und Barometerstandes nicht von derselben Ursache abhängt, sondern auf eine unbestimmte und gänzlich mannigfache Art vor sich geht.
Ohne Zweifel könnten noch andere Bemerkungen zu den in der vorgenannten Tabelle der Lufteigenschaften dargestellten Untersuchungen gemacht werden, die wir indessen findigeren Köpfen überlassen."

Abschließend bleibt festzustellen, daß die meteorologischen Beobachtungen ALOIS FERDINAND GRAF MARSIGLIs in Wien trotz ihrer kurzen Beobachtungsdauer von Dezember 1696 bis einschließlich August 1697 einen besonders bemerkenswerten Beitrag zur Geschichte der Meteorologie in Österreich bedeuten, da es sich um die ersten nachweisbaren instrumentellen meteorologischen Beobachtungen dieses Landes handelt.

Literatur: (24), (26), (29), (46), (51), (58), (72).

3 Danksagung

Der Verfasser dankt allen Persönlichkeiten, Archiven, Bibliotheken und Institutionen für die Unterstützung, durch die seine Arbeit maßgeblich gefördert worden ist.

4 Literatur

(1) A D B
a) Cuspinian, Johannes, Bd. 2, Leipzig 1876.
b) Tichtl, Hanns, Bd. 38, Leipzig 1.

(2) ANKWICZ, H.
Das Tagebuch Cuspinians. Mitt. d. Instituts f. Österr. Geschichtsforschung, Bd. 30, Wien 1909.

(3) ASCHBACH, J. V.
Geschichte der Wiener Universität. 3 Bde., Wien 1865–1888.

(4) BAUR, F.
Sternglaube, Sterndeutung, Sternkunde. Frankfurt a. M. 1965.

(5) BECK, F. X.
Die Akademie der Experimente. Beilage z. Wetterkarte des Deutschen Wetterdienstes Nr. 25, 1957.

(6) BERGER, F.
Die kirchlichen Verhältnisse des Innviertels in der Mitte des XVI. Jahrhunderts. Archiv f. d. Geschichte der Diözese Linz, 2. Jahrg., Linz 1905.

(7) BERGER, F.
Die Pfarren Moosbach, Mining und Weng. Ibid. 4. Jahrg., Linz 1907.

(8) BOAS, M.
Die Renaissance der Naturwissenschaften. Gütersloh 1965.

(9) BOLL, W.
Das Kepler-Gedächtnishaus in Regensburg.
in: Kepler-Festschrift 1971, Bd. 32 d. Acta Albertina Ratisbonensis. Regensburg 1971.

(10) BOSL, K.
Handbuch der Historischen Stätten Deutschlands. Bd. VII, Bayern, Stuttgart 1961.

(11) CASPAR, M.
Johannes Kepler. 2. Aufl. Stuttgart 1950.

(12) CHLUMECKY, R. RITTER V.
Carl von Zerotin und seine Zeit. Brünn 1862.

(13) EDER, K.
Das Land ob der Enns vor der Glaubensspaltung. Studien zur Reformationsgeschichte Oberösterreichs 1/1932.

(14) EDER, K.
Ein Reformationshistoriker – Valentin Preuenhueber. Veröff. d. Kulturamtes der Stadt Steyr, Folge 15, Steyr 1955/12.

(15) EDLBACHER, L.
Die Chronik der Stadt Steyr von Jakob Zetl 1612–1635. 36. Ber. üb. d. Museum Francisco-Carolinum, Linz 1878.

(16) FRISCH, CH.
Joannis Kepleri Astronomi Opera Omnia. 8 Bde., Frankfurt a. M. 1858–1870.

(17) GERLACH, W. u. LIST, M.
Johannes Kepler, Leben und Werk. München 1966.

(18) GERLACH, W.
Humor und Witz in Schriften von Johannes Kepler. SA aus: Sitz.-Ber. d. Bayer. Akad. d. Wiss., München 1968.

(19) GRAMMER, M.
Die Linzer Wetterbeobachtungen Johannes Keplers. Ztschr. Wetter und Leben X., Wien 1958 u. Sonderheft VI, Wien 1959.

(20) HALL, A. R.
Die Geburt der naturwiss. Methode 1690–1720 von Galilei bis Newton. Gütersloh 1965.

(21) HARTE, W. U. SCHRAUF, K.
Die Wiener Universität u. ihre Gelehrten 1520–1565. Nachträge z. Bd. III von J. v. Aschbach, Geschichte d. Universität Wien. Wien 1898.

(22) HASNER, J. V.
Tycho Brahe und Johannes Kepler in Prag. Prag 1872.

(23) HELLMANN, G.
Repertorium der Deutschen Meteorologie. Leipzig 1883.

(24) HELLMANN, G.
Neudrucke von Schriften und Karten über Meteorologie u. Erdmagnetismus, Nr. 13, Meteorolog. Beobachtungen vom XIV. bis XVII. Jahrhundert. Berlin 1901.

(25) HELLMANN, G.
Versuch einer Gesch. d. Wettervorhersage im 16. Jahrh. Abh. d. Preuß. Akad. d. Wiss. – Phys.-Math. Kl. 1. Berlin 1924.

(26) HELLMANN, G.
Die Entwicklung der meteorologischen Beobachtungen bis zum Ende des 18. Jahrhunderts. Berlin 1927.

(27) HEMLEBEN, J.
Johannes Kepler in Selbstzeugnissen u. Bilddokumenten. Reinbeck b. Hamburg 1971.

(28) HUTER, F.
Handbuch der Historischen Stätten Österreichs. Bd. 2, Alpenländer mit Südtirol. Stuttgart 1966.

(29) JÖCHER, C. G.
Allgemeines Gelehrten-Lexikon. 4 Bde., Leipzig 1751.

(30) KARAJAN, TH. G.
Fontes Rerum Austriacarum, Bd. I/1. Wien 1855.

(31) KATZEROWSKY, W.
Die meteorologischen Aufzeichnungen d. Leitmeritzer Stadtschreiber aus d. Jahren 1564–1607. Ein Beitrag zur Meteorologie Böhmens. Prag 1886.

(32) KATZEROWSKY, W.
Die meteorologischen Aufzeichnungen d. Leitmeritzer Rathsverwandten Gottfried Schmidt aus d. Jahren 1500 bis 1701. Ein Beitrag zur Meteorologie Böhmens. Prag 1887.

(33) KATZEROWSKY, W.
Periodicität der Überschwemmungen. Mitt. d. Vereins f. Gesch. d. Deutschen in Böhmen. Prag 1887.

(34) KATZEROWSKY, W.
Meteorolog. Nachrichten aus d. Archiven d. Stadt Leitmeritz Jahresber. d. k. k. Staats-Ober-Gymnas. zu Leitmeritz in Böhmen f. d. Schuljahr 1895. Leitmeritz 1895.

(35) KATZEROWSKY, W.
Meteorolog. Nachrichten aus d. Archiven d. Stadt Leitmeritz in Böhmen f. d. Schuljahr 1896. Leitmeritz 1896.

(36) KEPLER, J.
Kalender auff das Jar 1595. Graz 1595.

(37) KEPLER, J.
Gründtlicher Bericht von einem ungewohnlichen newen Stern. Prag 1604.

(38) KEPLER, J.
Prognosticon auff das Jar 1605. Sampt einem ausführlichen Verzeichnis wie das Gewitter dieses verschienen 1604. Jares sich von Tag zu Tag allhie zu Prag angelassen, vnd mit dem Himmel verglichen. Prag 1605.

(39) KEPLER, J.
Strena seu de Nive Sexangula. Frankfurt a. Main 1611.

(40) KEPLER, J.
Ephemerides novae motuum coelestium, ab anno vulgaris aerae MDCXVII. Linz 1617.

(41) KEPLER, J.
Ephemerides novae motuum coelestium . . . Pars II et III. Sagan/Schlesien 1630.

(42) KLEMM, F.
Witterungschronik d. Barfüßerklosters Thann im Oberelsaß von 1182–1700. Ein Beitrag zur Witterungsgeschichte des Oberrheingebietes. Frankfurt a. Main 1968.
Ms. im Besitz der Bibliothek des Deutschen Wetterdienstes.

(43) KLEMM, F.
Witterungschronik d. Barfüßerklosters Thann im Oberelsaß von 1182–1700. Ein Beitrag zur Witterungsgeschichte des Oberrheingebietes. Meteorolog. Rundschau 23 (1970), H. 1.

(44) KROBATH, E.
Einiges über Valentin Preuenhueber und seine „Annales Styrenses". Veröff. d. Kulturamtes d. Stadt Steyr, Folge 26, Steyr 1965/12.

(45) LECHNER, K.
Handbuch der Historischen Stätten Österreichs. Bd. I, Donauländer und Burgenland. Stuttgart 1970.

(46) LENKE, W.
Bestimmung der alten Temperaturwerte von Tübingen u. Ulm mit Hilfe v. Häufigkeitsverteilungen (mit Anhang). Ber. Deutscher Wetterdienst Nr. 75, Bd. 10. Offenbach/M. 1961.

(47) LINDNER, W.
Speculum sacrum de vitae humanae brevitate, vanitate et inconstantia. München 1615.

(48) LINDNER, W.
Neuer geistlicher Spiegel. München 1615.

(49) LINCK, J. B.
Annales Austrio-Claravallenses seu Monasterii Claravallis Austria vulgo Zwetl initium et progesses. 2 Bd., Wien 1723/25.

(50) LIST, M.
Siehe Gerlach, W. (17).

(51) MARSIGLI, A. F.
Danubius Pannonico-Mysicus, Observationibus Geographicis, Astronomicis, Hydrographicis, Historicis, Physicis, Perlustratus et in sex Tomes digestus ab Aloysio Ferd. Con. Marsili Socio Regiarum Societatum Parisiensis, Londinensis, Monspeliensis. Tomus Extus.

Hagae Comitum, apud P. Gosse, R. Chr. Alberts, P. de Hondt. Amsteldami, apud Herm. Uytwerf & Franc. Changuion. M.D.CC.XXVI.

(52) MARTIN, F.
Das Tagebuch des Felix Guestrater 1596–1634. Mitt. d. Gesellsch. f. Salzburg. Landeskde. 88/89, Salzburg 1948/49.

(53) MUNZAR, J.
Počátky meteorologických měřeni v Československu v 18. stoleti. Dějiny věd a techniky 2 (1969), H. 3.

(54) N D B
a) Aichholz (Aichhlotz), Johann Emerich, Bd. 1, Berlin 1953.
b) Cuspinianus, Johannes, Bd. 3, Berlin.

(55) OFNER, J.
Ratsherr Jakob Zetl – Färbermeister und Chronist. Amtsblatt d. Stadt Steyr Nr. 10, Jahrgang 1966.

(56) PEZ, P. H.
Ms. d. Bandes IV der „Scriptores Austriacarum veteres ac genuini". Stiftsbibliothek Kloster Melk, Signatur Nr. 1000.

(57) PREUENHUEBER, V.
Annales Styrenses samt . . . Histor. u. Genealogischen Schriften. Nürnberg 1740.

(58) ROTERMUND, H. W.
Forts. u. Ergänzungen zu C. G. Jöchers Gelehrten-Lexikon, Bd. 4, Bremen 1813.

(59) SCHACHERL, L.
Mähren, Land der friedlichen Widersprüche. München 1968.

(60) SCHIFFMANN, K.
Annalistische Aufzeichnungen. Archiv f. d. Geschichte d. Diözese Linz, 2. Jahrg., Linz 1905.

(61) SCHIFFMANN, K.
Die Annalen des Wolfgang Lindner. Ibid., 6. u. 7. Jahrg., Linz 1910.

(62) SCHIMANK, H.
Epochen der Naturforschung. München 1964.

(63) SCHIMANK, H.
Der Weg d. Physikers durch die Zeiten. Wiesbaden 1980.

(64) SCHMIDT, J.
Wien unter Fremdherrschaft. Österr. Heimatblätter 1, 1947.

(65) SCHRAUF, K.
Siehe Harte, W. (21).

(66) TSCHAMSER, P. F. M.
Annales oder Jahrsgeschichten der Barfüseren oder Minderen Brüdern S. Franc. Ord. zu Thann. M.D.CC.XXIV. Colmar 1864.

(67) VOGEL, K.
Der Donauraum, die Wiege mathem. Studien in Deutschland. Neue Münchner Beiträge z. Geschichte d. Medizin u. Naturwiss., Naturwiss. Reihe, Bd. 3. München 1973.

(68) WACHA, G.
Zur Wetterchronik des Linzer Raumes. Ztschr. Wetter und Leben X, Wien 1958. Sonderheft VI, Wien 1959.

(69) WACHA, G.
Die ältesten erhaltenen täglichen Wetterbeobachtungen aus dem Raum von Wien. Ibid. XV, Wien 1963.

(70) WAGNER, A.
Das Urbar des Stiftes Zwetl vom Jahre 1280. Cisterzianer Chronik, hg. v. d. Cisterziensern in d. Mehreren, Jahrg. 50, 1938.

(71) WAGNER, A.
Ein Urbar (Stift Zwetl) von ca. 1310–15 in: „Fontes rerum Austriacarum", Österr. Geschichtsquellen hg. v. d. Histor. Kommission d. Österr. Akad. d. Wiss. II. Abt./3, Wien 1851.

(72) WANIEK, N.
Geschichtlicher Grundriß d. Österr. Anteils am Aufbau der Meteorologie.
Diss. Universität Wien, phil. Fak. Wien 1951.

(73) WATZEL, P. F.
Die Cistercienser von Heiligenkreuz. Graz 1898.

(74) WOLF, R.
Geschichte der Astronomie. München 1877, Neudruck 1965.

(75) ZINNHOBLER, R.
Verzeichnis der Welser Stadtpfarrer. Jahrbuch d. Musealvereins Wels. Wels 1955.

5 Personenregister

Abel, V., Abt v. Admont, 17
Achmet v. Temesvar, 41
Aichholz, A. geb. Unverzagt, 21
Aichholz, J. E., 21, 22
Aichholz, K., 21
Aichholz, U., 21
Ainnzinger, 29, 30
Alberich Höffner, Prior v. Heiligenkreuz, 39, 40
Albert v. Sachsen, 5
Alberts, R. Chr., 42
Albertus Magnus, 5, 6
Albrecht III., Herzog v. Österr., 5
Albrecht VI., Erzherz. v. Österr., 10
Alfons X., König v. Kastilien, 5
Andechs, Grafen v., 35
Ankwicz, H., 15, 16
Anna v. Ungarn u. Böhmen, 14, 18, 25
Antinori, P. L., 30, 35
Antinori, V., 35
Anton II., Spindler v. Hofegg, Abt v. Garsten, 26
Anton Dei Gratia, Abt v. Admont, 17
Arco, Graf v., 41
Aristoteles, 5

Bachaček, 32
Bartsch, Jak., 32
Beck, F. X., 36
Becker, F., 7
Berger, F., 8
Bernardina, S. M., 40, 41
Berndt, F., 34
Bernhard, C., 37
Bessarion, J., 6
Boas, M., 34
Boerhaave, H., 41
Brahe, T., 31
Brückner, A., 20

Camerarius, R. J., 42
Canavale, A. u. D., 39
Caspar, M., 32
Celtis, K., 6, 14
Changuion, F., 42
Ciurani, P., 41
Clemens XI., Papst, 41
Clusius, C., 21
Corbinian, Bischof v. Freising, 26
Cosmeroij, M. u. S., 39
Cuspinian, Agnes geb. Stainer, 14, 15
Cuspinian, Anna geb. Putsch, 14
Cuspinian, Joh., 6, 14, 15, 16
Cuspinian, N., 15

Dalberg, C. v., 32
Dante, A., 20
Dillmetz, Ph., 34
Domenico dell'Allio, 22

Ebro, Abt v. Zwettl, 37
Eder, K., 34
Edlbacher, L., 34
Eimmart, G. Chr., 42
Engelbert I. v. Spanheim, 17
Engelbert, Abt v. Admont, 17
Erasmus Leisser, Abt v. Zwettl, 37
Euler, L., 34
Eyczing, Chr., 21

Fabricius, P., 21
Fadinger, S., 34
Ferdinand I., dt. Kaiser, 6, 10, 22, 25, 35
Ferdinand II., dt. Kaiser, 22, 31
Ferdinand II. v. Toskana, 30, 35, 36
Flue, N. v. d., 9
Franz II., dt. Kaiser, 17
Friedrich III., dt. Kaiser, 6, 10, 13, 14, 16, 17, 23, 39
Friedrich v. Sachsen, 8
Friedrich, P., 39
Fries, E., 27
Frisch, Chr., 32
Frylander, P., 18, 19
Fuchsmagen, 6, 14

Galilei, G., 36
Gartner, P. A., 26, 27
Gebhard, Erzbischof v. Salzburg, 17
Gerlach, W., 33
Georg, Herzog v. Bayern, 8
Georg II. N. K., Abt v. Zwettl, 37
Gmunden, Joh. v., 5, 6
Gosse, P., 42
Gottschalk, Abt v. Heiligenkreuz, 39
Grammer, M., 32, 33
Gregor XIII., Papst, 25
Gutenberg, Joh., 6
Gutolf, P., 39

Hadmar v. Kuenring, 36
Hafenreffer, M., 31
Hall, A. R., 36
Haslinger, 40
Hasner, J. v., 32, 33
Heinrich II., Abt v. Admont, 17
Heinrich, Nik., 26
Heinrich II. Moyker, Abt v. St. Lambrecht, 5
Hellmann, G., 13, 14, 16, 17, 18, 20, 22, 31, 35, 36, 41
Hemmer, Joh. Jak., 18
Hermann, Abt v. Zwettl, 37

Hermann IV., Landgraf v. Hessen, 34
Heyrenbach, J. B., 15, 16
Hewerraus, P. C. de Übelbach, 5
Himmelberger, H., 34
Hlawatch, P. F., 39
Höffner, A., Prior v. Heiligenkreuz, 39, 40
Hofmann, Baron v., 32
Hoffmann, F., 42
Hoffmann, H., 21
Hondt, P. v., 42
Hubl, B., Prior v. Admont, 17
Hüfftenus, Chr., 17
Huschimkey, P., 22

Innozenz II., Papst, 37

Jesuitenpatres, unbekannte, 35
Johann I. Spindler v. Hofegg, Abt v. Garsten, 26
Johann Wilhelm I., Abt v. Garsten, 26
Johann IV. Hoffmann, Abt v. Admont, 17
Johann VIII. B. Linck, Abt v. Zwettl, 37, 38
Joseph I., dt. Kaiser, 41
Joseph II., dt. Kaiser, 17, 31

Karajan, Th. G., 14, 15, 16
Karl IV., dt. Kaiser, 5
Karl, Erzherzog v. Österr., 22
Karl Theodor, Kurfürst v. d. Pfalz u. Bayern, 18
Katharina v. Rußland, 34
Katzerowsky, W., 11, 13
Kchreizer, K., 13
Kepler, B. geb. Müller v. Mühleck, 31
Kepler, F., 31
Kepler, H., 31
Kepler, Joh., 22, 25, 27, 31–34
Kepler, K. geb. Guldemann, 31
Kepler, S., 31
Kepler, Sus., 32
Kepler, Sus. geb. Reuttinger, 31
Kirch, G., 42
Kirch, M. M., 42
Kirchmayr, G., 23
Kippers, P. O., 26
Klemens Schäffer, Abt v. Heiligenkreuz, 39
Klemm, F., 31
Kögler, M., 41
Kögler, S. (S. Bernardina), 41
Koidl, A., 29, 30
Koloman Bauernfeind, Abt v. Zwettl, 37
Konrad III., dt. König, 37
Konrad Schmid, Abt v. Heiligenkreuz, 39
Kopernikus, N., 31
Krachenberger, 6
Kreczi, H., 25
Kues, N. v., 5
Kumpfmüller, G., 9

Lamberg, 30
Lang, M., Erzbischof v. Salzburg, 30
Langenstein, H. v., 5
Laurencius, Abt v. Gleink, 9
Leibniz, G. W. v., 35, 42
Lenke, W., 42
Leopold I., dt. Kaiser, 39
Leopold III., v. Babenberg, 39
Leopold V. v. Babenberg, 39
Leopold v. Toskana, 35, 36
Linck, J. B., 36, 37, 38, 39
Lindenthal, Fr., 39
Lindner, W., 26, 27, 34

Ludwig d. Bayer, dt. Kaiser, 30
Ludwig II., Kg. v. Ungarn u. Böhmen, 14, 15, 18
Ludwig IV., Herzog v. Bayern-Landshut, 6
Ludwig XIV., König v. Frankreich, 41

Maestlin, M., 31
Mairold, M., 5
Marchwardus de Chizbuhel, 30
Maria, Erzherzogin v. Österreich, 14, 18
Marian Schirmer, Abt v. Heiligenkreuz, 39
Mariotte, E., 35, 42
Marquard, Abt v. Zwettl, 37
Marsigli, Graf A. E., 7, 41, 42, 43, 44
Martin Steingaden, Abt v. Zwettl, 37
Matthias, dt. Kaiser, 23, 31
Matthias I. Corvinus, König v. Ungarn u. Böhmen, 6, 9, 14
Matthias, Erzherzog v. Österreich, 21
Maultasch, M., 30
Mauritius, M. G., 24
Maximilian I., dt. Kaiser, 6, 8, 9, 10, 14, 16, 17, 18, 23, 25, 26, 35
Maximilian II., dt. Kaiser, 23, 26
Mayr, J. B., 40
Medici, L. de, 36
Melchior v. Zaunagg, Abt v. Zwettl, 37
Megenberg, K. v., 5
Meinert, H., 5
Mingenius, 31
Mittenauer, L., 9
Müller v. Königsberg (Regiomontan), 5
Musschenbroek, P. v., 36
Mustapha, 39

Nadasny, Graf, 21

Otto I. v. Babenberg, 39
Otto II. Grillo, Abt v. Zwettl, 37

Pascal, B., 36
Perger, B., 6
Perglenter, H., 30
Perier, 36
Perlach, A., 6
Perndorfer, W., 8, 9
Peurbach, G., 5, 6
Pez, P. B., 26
Pez P. H., 26, 27
Piccolomini, A., 5
Pillhammer, Joh., 21, 22
Pius II., Papst, 5
Plancus, Joh., 32
Plank, P. B., 5
Plank, 34
Preuenhueber, V. jun., 23
Preuenhueber, V., 23, 24, 26, 34
Preuenhueber, V. sen., 23
Preuenhueber, U. geb. Radlinger, 23
Proclus, 6
Prueschinkhen, H., 10
Prueschinkhen, S., 10
Ptolemaios, K., 6

Raitenau, W.-D., Erzbischof v. Salzburg, 34
Rasp, P., 10
Rauber, Chr., Abt v. Admont, 17
Regiomontan, 5, 6
Reicherstorfer, R., 32
Resch, H., 30
Reyher, S., 42
Rippo, M., 7, 8
Rolevinck, W., 9

Rottler, B., Abt v. St. Paul, 17
Rudolf I., dt. König, 25
Rudolf II., dt. Kaiser, 21, 31
Rudolf IV., Herzog v. Österreich, 5
Rupprecht, Kurfürst v. d. Pfalz, 8

Sachs, H., 9
Sacrobosco, Joh. de, 6
Salburg, Freiherren v., 23
Schachinger, R., 27
Schäffer, K., Abt v. Heiligenkreuz, 39
Schauenberger, 7
Schiffmann, K., 7, 8, 9, 10, 27, 34
Schmidt, F. geb. Schirer, 11
Schmidt, G., 11, 13
Schmidt, J. A., 11
Schmidt, J. A., 24
Schmidt, R. B. geb. Donatin, 11
Schröfft, A., 34
Schuspeck, H., 8
Seyfried, Joh., 37
Soliman, Sultan, 22
Spießhaymer, H., 14
Stabius, Joh., 6, 14
Stahl, G. E., 42
Stainer, H., 14
Staufer, P. V., 27
Stiborius, A., 6
Stoeffler, Joh., 6, 17, 18, 20
Stoer, J. A., 40
Strnad, A., 11

Tanner, G., 21
Tannstetter, G., 6
Tichtl, J., 13, 14
Tichtl, M., 13
Tomaschek, P. J., 37, 38
Torricelli, E., 36
Trithemius, J., Abt v. St. Jakob, 14

Ulrich I. Hacke, Abt v. Zwettl, 37
Ulrich Müller, Abt v. Heiligenkreuz, 39
Uranophilus Cyriandrus, 34
Urban V., Papst, 5
Uytwerf, H., 42
Unbekannter Wiener geistl. Prof., 16

Viviani, V., 36

Wacha, G., 10, 13, 14, 16, 19, 25, 37, 38, 39, 41, 42
Wagner, P. A., 37, 39
Wagner, W., 25
Wallenstein, A. v., 32
Walther, B., 6
Waniek, N., 16, 29, 30, 31, 35, 37, 39, 42
Werntho, Bischof v. Bamberg, 18
Weysar, Joh., 11
Widmann, P., 22, 23
Wilhering, U. u. C. v., 7
Windhag, J. J. zu, 24
Wladislaw II., Kg. v. Ungarn u. Böhmen, 14, 18
Wolf, R., 34, 36

Zerotin, F. v., 20, 21
Zerotin, J. v., 20
Zerotin, K. v., 20, 21
Zetl, Jak, 26, 34
Zetl, S., 34
Zorawsli, N., 39
Zotter, H., 5